Oliver Uschmann   Sylvia Witt

Die Ampel war grün!

Ein Blick in die deutsche Autofahrerseele

Rowohlt Taschenbuch Verlag

Originalausgabe
Veröffentlicht im Rowohlt Taschenbuch Verlag,
Reinbek bei Hamburg, August 2016
Copyright © 2016 by Rowohlt Verlag GmbH,
Reinbek bei Hamburg
Lektorat Stephan Ditschke
Umschlaggestaltung ZERO Werbeagentur, München
Umschlagabbildung FinePic, München
Innengestaltung und Ampelfotografien
Daniel Sauthoff
Satz Andada OTF (InDesign) bei
Dörlemann Satz, Lemförde
Druck und Bindung CPI books GmbH,
Leck, Germany
ISBN 978 3 499 27215 8

Ich fahr, fahr nur auf der Mittelspur,
fahr, fahr auf der Mittelspur,
ja, auf der Mittelspur fahr'n,
da kommt man immer gut an.

– *Paranoid Hendroid, «Mittelspur»*

Der Song zum Buch – gleich hier hören:

Inhalt

Dritte Sitzung 189

Drei Monate später ... 251

Vorwort oder Lappen weg!

Im Herbst 2013 habe ich, Oliver Uschmann, meinen Lappen verloren. Der war zwar zu dem Zeitpunkt auch schon eine kleine Plastikkarte im gleichen Format wie die der Krankenkasse oder die Baumarkt-Bonuskarte. Aber als ich ihn mit 18 Jahren machte, war er noch ein Stück Papier, so groß wie eine kleine Speisekarte – der absolute Angeber unter den Taschendokumenten. Im Grunde passte er gar nicht in die Geldbörse. Man musste ihn im Mantel tragen, wie einen Agentenausweis. Aus Tradition sagt man daher bis heute, wenn es einen trifft: «Der Lappen ist weg!»

Natürlich passiert das immer nur den anderen.

Denkt man.

Bis man selbst ohne Lappen dasteht.

Der Schock saß tief. Weniger, weil ich für eine Weile auf den Zug ausweichen und mit dem Fahrradanhänger zum Supermarkt fahren musste, sondern eher, weil ich es nun endgültig schwarz auf weiß hatte: Ich gehöre zu den Verkehrssündern.

Ich?

Einer der Bösen?

Wie kann das sein?

Denn erstens bin ich ein freundlicher Mensch. Und zweitens sind die Bösen doch die anderen! Die Bösen fahren immer nur ihr eigenes Tempo, nehmen niemals Rücksicht und drängen jeden aus dem Weg, der ihnen in die Quere kommt. Die Bösen ignorieren Regeln. Nicht wie die Cops oder die Sanitäter, die das dürfen und müssen, um Leben zu retten. Nein. Die Bösen ignorieren die Regeln immer, obwohl sie dafür erdacht wurden, das Leben der Menschen zu schützen und das Miteinander in zivilisierte Bahnen zu lenken. Die Bösen glauben, dass die Regeln nur für Sonntagsfahrer gelten, nicht aber für sie, die wahrlich Besseres zu tun haben.

So sind sie, die Bösen.

Und ich, Oliver Uschmann, hätte nie, nie, niemals gedacht, dass ich eines Tages zu ihnen gehöre würde. Bis er weg war, der Lappen.

Nachdem ich den Führerschein wiederhatte, tat ich, was jeder Mann tun sollte, dessen Frau in Flensburg eine blütenweiße Weste hat: Ich hörte auf meine bessere Hälfte. Da die Reform des Bußgeldkatalogs und somit auch die Reform der Kurse, mit denen man sein Punktekonto schmelzen lassen kann, unmittelbar bevorstand, meldete ich mich im Frühjahr 2014 für eines der letzten klassischen *Aufbauseminare für punkteauffällige Kraftfahrer* an, kurz ASP. Dieser Kurs war, ganz ohne Übertreibung, eine Offenbarung. Dem Leiter und Fahrlehrer gelang es tatsächlich, die Teilnehmerinnen und Teilnehmer dazu zu bewegen, ihre Verhaltensmuster, Gefühle und Gewohnheiten hinterm Steuer in aller Klarheit zu erkennen und infrage zu stellen. Aus trotzigen erwachsenen Kindern wurden in wenigen Wochen gelassene Fahrer aus Überzeugung. Jedenfalls aus den meisten. Keine Verbote, keine Gebote hatten dazu geführt, sondern die Einsicht, dass das Leben als achtsamer Mensch tatsächlich besser ist.

Besser für die Sicherheit.

Besser für den Geldbeutel.

Besser für die Seele.

Die Menschen, die ich in dem Seminar kennenlernte, waren Sünder, genau wie ich. Impulsive, fluchende, scheiternde, allzu menschliche Sünder. Die perfekte Inspiration für ein paar Charakterzüge der Figuren in diesem Buch! Ich machte tonnenweise Notizen, und dann vermischten Sylvia und ich sie mit den Erfahrungen und Gewohnheiten aus meiner persönlichen Fahrbiographie. Wir ließen das Material liegen. Genau 365 Tage. Der Deal lautete: Fahre ich mir in dieser Zeit keine neuen Punkte ein, machen wir daraus ein Buch.

Was soll ich sagen?

Ich habe in der gesamten Zeit lediglich zehn Euro Strafgebühr verursacht, weil ich vergessen hatte, die Parkscheibe ins Cockpit zu legen.

Wir, Oliver Uschmann (immer noch vier Punkte) und Sylvia Witt (seit jeher null Punkte), Vielfahrer und Philanthropen mit Verständnis für die «Sünder» dieser Welt, hoffen, dass dieses Buch Ihnen beim Lesen so viel Freude macht, wie es uns beim Schreiben bereitete. Und dass es Sie im Bestfall dazu anregt, das gelassene Fahren ebenfalls auszuprobieren. Dann haben Sie durch jedes Blitzerbußgeld, das Sie sparen, den Kaufpreis gleich mehrfach wieder raus!

Da die Handlung im letzten Seminar vor der Punktereform spielt und heute etwas andere Punkte und Strafen gelten, geben wir bei den «Sünden», die Jutta, Thomas, Ralph, Karin und Rainer begangen haben, immer beide Werte an: die, die vor der Reform gegolten haben und die viele von Ihnen noch im Kopf haben werden; und die, die Sie sich seit der Reform einhandeln können. Doch diese Zahlen können Ihnen nach der Lektüre eigentlich egal sein: Mit den Geschichten unserer fünf Sünder und den weisen Worten von Fahrlehrer Frank im Hinterkopf werden Sie alle möglichen Punkte fortan von vornherein vermeiden – und dabei ganz in Ihrer Mitte sein.

Wir wünschen Ihnen eine gute Fahrt!

Sylvia Witt & Oliver Uschmann

Kekse und Sünder

Da sitzen sie also, denkt Frank, meine neuen Sünder. Gekommen, damit ich sie von ihren Punkten in Flensburg befreie.

Wie immer, wenn er ein Seminar gibt, hat er alle Tische zu einer großen Tafel zusammengeschoben. Die Sonne scheint durch die große Fensterfront der Fahrschule auf die Tische mit den Keksen und den kleinen Mineralwasser- und Colaflaschen. Der Beamer ist eingeschaltet und wirft ein helles Rechteck auf die Wand, in dem *Herzlich willkommen!* steht. Staubkörner tanzen im Lichtstrahl.

Vier der sechs Teilnehmer, die in den kommenden Wochen an dem Kurs in der Fahrschule *Franks Fahrfreuden* teilnehmen, sind bereits da. Auf den Mappen, die vor ihnen liegen, steht *ASP-Aufbauseminar*. Sie alle sind hergekommen, weil sie Punkte abbauen wollen, doch es geht immer um mehr als das. Frank kennt ihre Namen und ihr Sündenregister bereits. Mit jedem von ihnen hat er bei der telefonischen Anmeldung zum Kurs rund eine halbe Stunde geplaudert. Nicht aus Höflichkeit, sondern um ein Gefühl dafür zu bekommen, mit welchem Typ Verkehrssünder er es zu tun hat. Dennoch kann es immer wieder Überraschungen geben. Wie sich jemand am Telefon und in der ersten Sitzung des Kurses gibt, zeigt meistens noch nicht sein wahres Gesicht. Als vorhin die ersten Teilnehmer eintrafen und vorne am Schreibtisch neben der Tür zur Toilette und dem Sideboard mit den Broschüren ihre Kursgebühr bezahlten, hat Frank trotzdem seine inneren Wetten abgeschlossen. Wie ein Profiler, denkt er sich. Einer, der gerne schon mit der ersten Einschätzung recht hat.

Nun sitzen sie jedenfalls da, an der Tafel aus zusammengeschobenen Tischen. Der hagere, in die Länge geschossene Mann, der gerade eine der weißen Schüsseln anhebt und fragend in die Runde der Teilnehmer schaut, ist Ralph. Ein Lkw-Fahrer Ende 50 mit mehr als zwei Jahrzehnten Berufserfahrung auf dem Bock. Nach dem, was Ralph am Telefon über seine Punkte und Strafen erzählt hat, gehört er zum Typ der *Nüchtern-Vernünftigen*. Kein Straßenrambo, sondern ein guter Mann, der lediglich Befehlen, Notwendigkeiten und Sachzwängen folgt. Und in der Tat: In diesem Gesicht sieht Frank keinen fahrlässigen Menschen. Einerseits. Andererseits hat er bereits zu viele Lastkraftwagenfahrer kennengelernt, um auf diese innere Wette hohe Summen zu setzen.

«Keks?», fragt Ralph und strahlt dabei wie ein kleiner Junge in einem alten Kinderfilm. Als wäre im Prinzip jeder Tag erst einmal ein guter, bis er das Gegenteil beweist. Nur sein linkes Auge teilt diese Einstellung nicht. Es zuckt, als hätte da die Wirklichkeit ein Wörtchen mitzureden.

Neben Ralph sitzt eine kleine, leicht untersetzte Frau mit einer Gesichtshaut, die von vielen Jahren intensiven Rauchens zeugt. Sie streckt den Arm aus und nestelt gezielt ein Waffelröllchen aus der Keksmischung. Jutta, eine Lehrerin. Hier ist sich Frank sicherer. Bei ihren Kindern in der Klasse mag sie engagiert und fürsorglich sein, aber auf der Straße ist sie der Typ *Die Aggressive*. Natürlich würde sie selbst das niemals von sich denken, in ihrem unschuldigen roten Kleinwagen, der draußen vor dem Schaufenster der Fahrschule nicht einmal zwei Drittel der Parkplatzlänge einnimmt. Als Frank vorhin die Tische gedeckt, den Beamer angeworfen und die Keksschüsseln gefüllt hat, hat er gehört, wie Jutta der kleinen Runde auf dem Bürgersteig mitteilte, was sie davon halte, hier mitmachen zu müssen. Kokolores sei das alles, hatte sie gesagt und dabei ihre Zigarette geschwenkt, als wollte sie das Haus mit dem Qualm einrahmen. «Totaler Kokolores!» Jetzt sitzt sie am anderen Kopfende der Tafel, genau Frank gegenüber.

Er weiß, was das bedeutet. Sie sitzt da nicht, weil es keinen anderen Platz mehr gab, sondern um zu sagen: Du bist Lehrer, ich bin Lehrerin – erzähl mir hier bloß keinen Scheiß!

Die junge Frau mit dem dunkelblonden Pony, die neben Ralph auf der rechten Seite sitzt, winkt dankend ab. «Ich esse Kekse lieber selbst gemacht», sagt sie. Karin. Als sie vorhin eintraf, musste Frank auf dem Anmeldebogen noch mal ihr Geburtsdatum prüfen. Er konnte nicht glauben, dass das tatsächlich die Teilnehmerin sein sollte, die ihre einzigen drei Punkte loswerden muss, um sich als Beifahrerin ihrer bald 17-jährigen Tochter im ersten Führerscheinjahr eintragen zu dürfen. Sie war kaum älter, als sie damals Mutter wurde, und sieht jetzt noch mädchenhaft aus mit ihren rosigen Wangen, den leichten Sommersprossen und der dezenten Stupsnase. Der Fahrertyp, zu dem sie gehört, ist selten. So selten, dass er in den üblichen Listen der Rollen, die Menschen hinter dem Steuer einnehmen, nicht vorkommt. Er ist eine Eigenkreation von Frank. Fahrer wie Karin – die fast immer Fahrerinnen sind – nennt er: die *Aufgewühlten*. Und zumindest nach dem, was sie ihm am Telefon erzählt hat, gehört sie dazu. Ganz wie beim gutmütig Kekse verteilenden Ralph könnte er sich allerdings auch bei ihr täuschen.

Ein wenig verlegen streicht Karin sich eine Haarsträhne hinters Ohr. Frank fällt auf, wie der Blick des vierten Teilnehmers wie hypnotisiert an Karins Ohrmuschel kleben bleibt. Thomas. Der Mittvierziger hat sich vorhin ziemlich ungeschickt draußen angeschlichen und Ralph, Jutta und Karin, die schon vor der Tür warteten, von der anderen Straßenseite aus beobachtet. Frank konnte sein schwarzes, vom Gel glänzendes Haar zwischen den hellen Blüten der Buschrosen gut erkennen, die gegenüber einen winzigen Park mit Christus-Statue einrahmen. Solche kleinen Ecken mit Kies, Mülleimer und Sitzbank zur christlichen Einkehr finden sich in jedem Dorf der Gegend, einem tief katholischen Landstrich. Dass aber ausgerechnet gegenüber seiner Fahrschule, in der er Sündern dabei hilft, Ablass in Flensburg zu erlangen, ein Kreuz mit dem Mann steht, der die ganze Menschheit von ihrer Schuld erlöst haben soll, ist natürlich Zufall, aber ein schönes Bild. Und dass ausgerechnet Thomas sich unter dem Kreuz hinter den Büschen versteckte, um die anderen Sünder heimlich in Augenschein zu nehmen, erst recht. Schließlich ist der Vertreter für Schreibwaren, der sich alle seine Punkte nicht mit dem Dienstwagen, sondern in der Freizeit eingefahren hat, als Fahrer vom Typ *Der Imponierer* der Gefährlichste von allen – und würde das ebenfalls niemals selbst von sich glauben. Darauf, ihn richtig einzuschätzen, setzt Frank in seinem inneren Wettbüro die höchste Summe. Doch so verschieden die Gründe sind, weswegen das Punktekonto der vier voll ist – *eine* Rolle teilen alle, die in Franks Kurse kommen, ohne Ausnahme: die Rolle des *Opfers*. Niemand, der hier zwischen Mappen, Keksen und Kugelschreibern sitzt, glaubt, selbst zu den Sündern zu gehören.

Thomas nimmt sich ein Nusskipferl. Ralph stellt die Schüssel wieder auf den Tisch. Karin schaut zu Frank, wie eine Schülerin, die wartet, dass der Lehrer den Unterricht offiziell beginnt. Thomas kann den Blick nicht von ihrer Ohrmuschel lassen. Wie ein schlafender Hund schnauft der Beamer leise seine Staubluft aus. Frank weiß: Es gibt viel zu tun.

FRANKS FAKTENCHECK

Die Fahrerrollen

Um die Ursachen gefährlichen Verhaltens im Straßenverkehr zu begreifen, vor allem aber, um diese Ursachen den Menschen begreiflich zu machen, unterteilen Seminarmappenautoren und Kursleiter das Verhalten punkteauffälliger Fahrer in verschiedene, immer wieder auftauchende Rollen. Zu den häufigsten zählen *Der Imponierer*, *Der Aggressive* sowie *Der Kämpfer und Sieger*.

Dem Verkehrspsychologen Jörg-Michael Sohn zufolge gibt es starke Parallelen zwischen Fahrstil und Lebensstil. Impulsive Menschen, die auch abseits der Straße gerne die Regeln brechen, nehmen es auch hinter dem Steuer mit den Vorschriften nicht so genau. Charaktere, die das Leben als Kampf um Chancen und Ressourcen betrachten, neigen dazu, sich auf keinen Fall und von niemandem «ausbremsen» zu lassen.

Wie Frank und viele andere Kursleiter wissen, erschöpfen sich die Gründe für Verkehrssünden allerdings nicht in den durchaus wahren Klischees vom aggressiven Karrieristen in Luxuslimousine mit eingebauter Vorfahrt. Mindestens ebenso gefährlich sind Menschen, die sich scheinbar selbstlos um alles und jeden kümmern und dabei dermaßen hektisch und nervös werden, dass ihnen jeder andere, der sich am selben Tag ins Auto gesetzt hat, wie ein nutzloser Sonntagsfahrer vorkommt, der bei weitem nicht so dringende Gründe hat, ans Ziel zu kommen, wie sie.

Erste Sitzung

Franks Fahrfreuden

Es kratzt wie ein Spachtel auf Putz, als Thomas mit dem Kugelschreiber, an dessen Seite das Logo von *Franks Fahrfreuden* prangt, auf der ersten Seite seiner Teilnehmermappe das heutige Datum eintragen will. Amüsiert schaut er zu Frank, der seinerseits die dicke Kladde aufgeschlagen hat, in der er alles aufschreibt, was ihm an seinen Sündern auffällt. Gerade eben hat er zu Thomas darin notiert: *Eitel, aber überfordert. Gut rasiert, bemerkt aber nicht den fehlenden Knopf am Hemd.* Manchmal fragt sich Frank, ob das boshaft klingen könnte, wenn es jemals einer außer ihm selbst zu Gesicht bekäme, aber jedes Detail ist wichtig. Wer als Vertreter fehlende Knöpfe am eigenen Hemd nicht bemerkt, vergisst gerne auch mal, das Kühlwasser nachzufüllen. Womöglich ist Thomas nicht nur ein Exemplar des Typs *Imponierer*, sondern auch des Typs *Überlasteter*, einer Nebenkategorie der *Aufgewühlten*.

«Schon mal darüber nachgedacht, andere Werbestifte für die Fahrschule herstellen zu lassen?», fragt Thomas. «Ich könnte dir Gelroller empfehlen. Es muss nicht immer der klassische Kuli sein.»

Frank schmunzelt. Wahrscheinlich hat der Vertreter schon ein Rabattangebot in der Tasche.

«Wisst ihr, wann der Kugelschreiber erfunden wurde?», fragt Thomas in die Runde.

Ralph sagt: «Ich hab meinem Telefonjoker nicht Bescheid gesagt ...»

Jutta antwortet: «1938.»

Thomas reißt die Augen auf.

Jutta sagt: «Lehrerin.»

Thomas fängt sich wieder und fuchtelt mit dem Werbestift über dem Tisch herum: «Und seit dieser Zeit ärgern wir uns darüber, dass die Scheißdinger nicht vernünftig schreiben, oder? Wir schütteln sie, wir hauchen sie an.»

Frank notiert in seine Kladde: *Geborener Verkäufer. Redefluss muss sicherlich gezügelt werden.*

Jutta beschwert sich darüber, dass sie alle einen Aufsteller aus Tonkarton mit ihrem Namen beschriften sollen.

«Och, nö ...», meckert sie.

«Och, doch!», sagt Frank. Ralph hat augenscheinlich Spaß daran und malt ungelenk und krakelig seinen Namen auf das Schild. Die schiefe Linienführung erinnert Frank an seine Großmutter. Brachte sie 1972 die Punkte vom Rommé aufs Papier, wirkte das immer, als müsste sie mit dem Bleistift bildhauern. Solange sie lebte, hatte sie alle Zeit der Welt. Als sie starb, nahm sie die Zeit mit, und nun hat keiner mehr welche.

Als Ralph fertig ist, wirft er Thomas den Stift zu. «Edding 3000, der Klassiker», sagt der Vertreter, beschriftet seinen Aufsteller und gibt den schwarzen Filzer weiter. Jutta fügt sich und schmiert in harter Blockschrift ihren Namen auf den hellblauen Karton.

«'tschuldigung!», ertönt es in einem slawisch klingenden Singsang, und alle Teilnehmer drehen sich um. Durch die Tür der Fahrschule stürzt ein dunkelhaariger Mann in Trainingshose und Turnschuhen.

Frank sieht in seine Papiere: «Herr Mitrović?»

Der Mann nickt. Schnaufend, als wäre er den ganzen Weg gerannt, nimmt er neben Ralph Platz. Dessen rechtes Auge begrüßt ihn freundlich, sein linkes zuckt erneut. Dieser Mitrović ist der weitaus schlimmste Verkehrssünder der Runde und mit 18 Punkten am absoluten Limit. Bringt er diesen Kurs nicht zu Ende, verliert er seinen Führerschein und damit seinen Job: Er ist ebenfalls Lkw-

Fahrer. Das Vortelefonat mit ihm gestaltete sich so wortkarg, dass Frank mehrfach «Hallo? Sind Sie noch da?» in den Hörer rufen musste, als stünde der Mann nicht zwei Städte weiter, sondern in einer kroatischen Bergschlucht. Für ihn setzt Frank in seinem inneren Wettbüro auf eine besonders unangenehme Fahrerkategorie, die er ebenfalls selber erfunden hat: der *Gleichgültige*. Frank hakt den Mann auf der Anwesenheitsliste ab. «Dann fehlt ja nur noch einer!»

Jutta klimpert derweil mit den Fingern in der Keksschüssel. «Die drei anderen Waffelröllchen reserviere ich mir jetzt auch schon mal, wenn's niemandem was ausmacht!»

«Mir nicht», sagt Karin, «die sind das Schlimmste bei diesen Mischungen. Wie Styropor mit Bauschaum aus Zucker. Bei einem Konditor in Wien habe ich mal echte, handgemachte probiert. Das war ein Tag!»

Frank beobachtet, wie Thomas' Blick weiterhin an Karin kleben bleibt, als wäre jedes Wort von ihr so zuckersüß wie ein Tag in der Wiener Backstube.

Karin hat ihren Namen in Schönschrift auf das Schildchen gezeichnet, wie ein Mädchen aus der zehnten Klasse. Sauber und geschwungen, als gäbe es dafür ein Sternchen. Der Nachzügler Mitrović in den Trainingsklamotten faltet sich aus dem Karton ein schiefes Schild und krakelt halbherzig seinen Vornamen darauf: Milosz. Seine großen Turnschuhe quietschen auf dem Boden unter dem Tisch.

Frank blickt auf die Uhr. Einer fehlt noch. Rainer. Die Nachnamen beachtet Frank selbst innerlich kaum. Auch wenn er seine neuen Schäfchen am Telefon noch gesiezt hat, ist nun die simulierte Nähe wichtig. Er beschließt, dass genug gewartet wurde, steht auf und sagt: «So, die Vornamen stehen auf den Schildern, und das bedeutet natürlich, dass wir uns hier duzen. Ich bin der Frank.»

«Hallo, Frank», sagt Karin.

Ralph und Thomas murmeln.

Jutta sagt: «Aber nicht Zander, oder?»

Milosz quietscht mit den Sohlen.

Frank sagt: «Bevor wir jetzt tatsächlich beginnen, möchte ich euch allen einen Satz mitgeben, der euch wahrscheinlich verwirrt. Ich werde nicht weiter erklären, warum ich ihn zitiere. Nehmt ihn einfach mal so hin und legt ihn in eurem Hinterkopf ab. Wie ein Buch, das man in die zweite Reihe stellt und eines Tages genau dann wiederfindet, wenn man es gerade nicht sucht.»

Ralph sagt: «Ich hab keine zweite Reihe im Buchregal.»

Frank seufzt: «Okay, dann legt den Spruch in eurem Hinterkopf ab. Wie eine Fernbedienung, die auf Nimmerwiedersehen in der Sofaritze verschwindet und erst wieder auftaucht, nachdem man Ersatz gekauft hat. Besser?»

Ralph lacht.

Frank sagt: «Der Satz, den ich euch in die geistige Sofaritze stecken möchte, lautet ...»

Dann klickt er das zweite Bild der PowerPoint-Präsentation herbei: *Es gibt zwei Zeiten, in denen man nichts ausrichten kann: Gestern und Morgen. Wer die Gegenwart nur als Steigbügel nutzt, um die Zukunft zu erreichen, wird unvermeidlich unglücklich.*

Jutta runzelt die Stirn.

Thomas schaut verwirrt drein, als ginge ihm das jetzt zu schnell.

Karin schreibt eilig mit.

«Puh ...», macht Ralph.

Frank weiß, dass nun eine rhetorische Pause wichtig ist, wartet noch drei Sekunden ab, bis der Satz eingesickert ist, und klickt dann das nächste Bild seiner Präsentation an. Auf der weißen Wand hinter ihm steht nun: *Warum sind wir hier?*

Alle gucken.

«Tja, warum?», fragt Frank.

Ralph quetscht seine Nase.

Milosz wirft einen abschätzigen Blick auf die Mappe vor sich. Das Titelbild zeigt eine Hand, die einen Schlüssel im Zündschloss dreht, und Teile des Cockpits. Eine einfache Limousine aus den neunziger Jahren. Thomas blättert die Mappe in der Mitte auf. Vielleicht will er schon jetzt wissen, was auf ihn zukommt. Frank kennt jede Seite auswendig, jede Zeile und alle Listen und Freifelder, die seine Teilnehmer später ausfüllen müssen. Eine Liste ist mit *Meine Fahrgeschichten* überschrieben und enthält eine Spalte für die Gefühle, die man auf der Straße empfindet.

Karin sagt: «Wenn schon Supermarktware, dann die Kekse mit den karamellisierten Erdnüssen. Oder den Klassiker von Leibniz. Butterkeks ohne Schnickschnack. Schlicht und stimmig.»

Jutta bemerkt, dass Thomas in die Mappe schielt, beißt in ein Waffelröllchen und flüstert: «Nicht verrückt machen lassen. Das ist alles Kindergarten hier. Alles Kokolores.»

Sie denkt, Frank würde es nicht hören.

Er sagt: «Jutta?»

Sie sieht auf und streckt den Rücken gerade: «Jawohl, Herr Lehrer?»

«Warum bist du hier?»

«Um bei den Trotteln in Flensburg Punkte loszuwerden. Wie jeder hier, oder?»

Nicken. Lachen. Grummeln. Nur Milosz bleibt reglos. Karin errötet, als wäre die Tatsache, überhaupt Punkte in Flensburg zu haben, eine anstößige Sache. Thomas kann den Blick nicht von ihr abwenden. Frank fragt sich, ob das nur ihm auffällt und wenn nicht, ob das Karin nicht unangenehm ist.

«Ich habe 24 Kinder», sagt Jutta. Ralph reißt sein nicht zuckendes Auge auf. Karin lehnt sich zurück, senkt ihre Unterlippe und sagt: «Alle Achtung, ich habe schon mit einer Teenager-Tochter genug zu tun.»

Frank sieht Thomas an, wie erstaunt er ist, dass diese gerade mal wie Ende 20 aussehende Frau von einer Teenager-Tochter spricht.

Jutta wackelt mit dem Kopf und wartet noch eine halbe Sekunde, bevor sie alle aufklärt: «23 Kinder sind zwischen 14 und 16 Jahren und sitzen in meiner Klasse an der Heinrich-von-Kleist-Gesamtschule. Ein Kind ist 74 Jahre und sitzt in unserem Haus auf dem Land.»

Ralph beugt sich vor: «Dein Papa?»

«Mein Onkel.»

«Sieh einer an ...»

Jutta blickt wieder zu Frank. Sie erträgt es schon jetzt kaum, dass er in diesem Raum ihr Pädagoge ist, denkt er.

«Jedenfalls fahre ich viel. Jeden Tag pendele ich vom Land in die Stadt zur Schule. Manchmal besuche ich die Eltern meiner Schäfchen.»

«Du schaust zu Hause bei den Familien vorbei?», fragt Karin.

«Muss manchmal sein. Ist eine Gesamtschule ...»

Umhüllt vom Lichtkranz des Beamer-Bildes fragt Frank: «Trifft das hier auf alle zu? Seid ihr alle Vielfahrer? Jeden Tag hinterm Steuer?» So muss sich ein TV-Moderator fühlen, denkt er. Man selbst weiß schon alles aus den Vorgesprächen und muss es jetzt erfragen, damit das Publikum und die anderen in der Runde es hören.

«Handelsvertreter in der Schreibwarenbranche. Mindestens 30 000 Kilometer im Jahr», sagt Thomas.

Ralph hebt die Hand: «Lastkraftfahrer. Rund 80 000 Kilometer im Jahr.» Er schaut zu Milosz: «So wie der Kollege, oder?»

Der Mann in Ballonseide nickt mürrisch.

«Wusst' ich's doch», sagt Ralph, «da hat man 'nen siebten Sinn.»

Karin spielt derweil an dem Armband aus Stoff herum, das sie am linken Handgelenk trägt. Es sieht abgegriffen aus, als hätte es ihre Tochter als kleines Kind für sie geflochten und Karin es seither nie abgelegt. Als Frank auch sie auf ihre Fahrgeschichte anspricht, blickt sie auf, als wäre sie vollkommen überrascht, ebenfalls gefragt zu werden.

«Ich habe nur drei Punkte», antwortet sie. «Und die müssen weg: In anderthalb Jahren will meine Tochter ihren Führerschein machen, aber dann ist sie noch 17 und braucht eine Beifahrerin. Mich will sie als Begleitperson eintragen. Und mit Punkten auf dem Konto geht das nicht.»

«Oh, wie süß! Nur drei Punkte!», sagt Ralph.

Jutta lacht: «Unser Nesthäkchen!»

Frank fragt: «Wie viele Punkte sind's denn bei den anderen?»

Es fallen Zahlen. Hohe Zahlen. In einem halben Jahr tritt die Reform des Punktesystems in Kraft und das vorhandene Konto wird in die neue Währung umgerechnet. Konnte man in den letzten 50 Jahren bis zu 18 Punkte ansammeln, sind es ab Mai nur noch acht. Der Kurs bei Frank bietet die letzte Chance, auf einen Schlag drei Punkte nach alter Rechnung loszuwerden, bevor das System umgestellt wird. Jutta, Ralph und Thomas haben ihr Konto beachtlich gefüllt, doch statt sich zu schämen, legen sie die Karten laut mit Freude auf den Tisch: 11 Punkte sind es bei Jutta, bei Thomas acht und bei Ralph sogar 15. Das erlebt Frank immer wieder: Seine Kursteilnehmer halten sich für unschuldige Opfer, die eigentlich ganz gewissenhaft fahren, tragen ihre Flensburger Punkte allerdings wie Trophäen vor sich her. Als wären sie stolz auf ihr verwegenes Leben. Lediglich Milosz beteiligt sich nicht an dieser seltsamen Form der Angeberei. Er hält seinen Einsatz zurück.

Frank wartet ab, bis die Aufregung sich gelegt hat. Ralph hustet. In die Stille hinein fragt Frank: «Und dann, Jutta?»

Jutta stoppt die zweite Waffelrolle, nach der sie gegriffen hat, unmittelbar vor ihrem Mund. Bevor sie auf Franks Frage antworten kann, grollt draußen auf der Straße ein mächtiger Motor. Alle drehen sich um und sehen, was Frank schon Sekunden vor ihnen erspäht hat: einen Pick-up mit turmhohem Radstand und einer Ladefläche, auf der man erlegte Elche abladen könnte. Da kein Platz mehr frei ist, parkt der Fahrer das Ungetüm quer vor den bereits in den Parkbuchten stehenden Autos auf dem bisschen Fläche, das zur Straßenseite hin noch bleibt.

Jutta dreht sich wieder um und fragt: «Wie, ‹und dann›?»

Frank schaut zu ihr, abgelenkt von dem dreisten Falschparker: «Ähm, ja ... Also, Jutta. Was passiert, wenn du nach dem Seminar hier drei Punkte weniger hast? Also einen Punkt, nach neuer Berechnung?»

«Dumme Frage: Dann habe ich nur noch acht. Also vier.»

«Und dabei bleibt's dann?»

Juttas Brauen senken sich. Ein Schatten legt sich über ihre Augen.

Frank fällt eine seiner Lieblingsmetaphern ein: «Ich bin kein Fitnesstrainer, das seht ihr ja.» Dezent streichelt er sich über seinen ebenfalls dezenten Bauch. Karin schmunzelt. Juttas Blick bleibt beschattet.

Frank sagt: «Aber lasst mich trotzdem den Vergleich verwenden. Ihr seid nicht hier, um schlagartig abzunehmen. Ihr seid hier, damit ihr lernt, wie ihr euer Gewicht *haltet*. Sonst erlebt ihr auch auf eurem Punktekonto einen Jo-Jo-Effekt.»

Ralph schnippt jovial mit dem Finger: «Gutes Bild.»

Jutta schüttelt den Kopf, legt die Waffelrolle ab und schnauft.

«Was, Jutta?», fragt Frank.

«Ach!»

«Sag's freiheraus. Dafür sind wir hier.»

«Ja, Kokolores ist das! Absoluter Kokolores!!»

«Was genau?»

«Der Jo-Jo-Effekt. Dieser Jo-Jo-Effekt heißt ‹echtes Leben›. So sieht's doch aus! Wer da draußen auf der Straße die ganze Zeit eine weiße

Weste bewahrt, der ist doch ... der ist doch ... der ist doch ein Sonntagsfahrer! Der hat doch sonst nichts zu tun!!»

Karin guckt ein wenig erschrocken. Ralph nickt. In Milosz' kargem
Antlitz deutet sich ein Lächeln an. Thomas sagt nichts. Nur Frank
weiß bislang, warum: Ausgerechnet dieser Vertreter hat sich die meisten seiner Punkte tatsächlich in der Freizeit eingefahren.

Frank legt seinen Zeigefinger ans Kinn und tippt ein paarmal gegen
sein Kinn: «Also sind die Verkehrsregeln eine Theorie? Irgendein Büro-
kratenquatsch, an den man sich im wahren Leben ohnehin nicht halten kann?» Frank weiß: Diese rhetorische Frage erzielt jedes Mal eine
gute Wirkung. Auch jetzt, alle schweigen nachdenklich.

«Also ich finde, Sie haben das genau richtig auf den Punkt gebracht!»
Der Mann, der grinsend die Fahrschule betritt, trägt eine schwarze
Cordhose, ein beigefarbenes Hemd und die grüne Jacke eines Jägers.
Er hebt seinen Autoschlüssel, drückt den Knopf, bis draußen die Lich-
ter des quer geparkten Kolosses vor der Tür kurz aufleuchten. Das
ist also Rainer, denkt Frank, hakt ihn auf der Teilnehmerliste ab und
schreibt *20 Minuten zu spät* dazu.

Auch mit ihm gestaltete sich das Telefonat vor ein paar Wochen so
karg wie mit Milosz. Mit einem Unterschied: Wo Frank bei dem Kraftfahrer vom Balkan noch das Gefühl hat, dass der wenigstens weiß,
was er falsch macht, ist Rainer einer dieser Typen, die im Leben grundsätzlich bei allem recht haben. Ein Mann, der nicht nur die Weisheit
mit Löffeln gefressen hat, sondern die Verachtung für alle Menschen
ohne Löffel gleich mit, und zwar tellerweise. Rainers Kinn hat die Entscheidung, ob es nach vorne oder nach hinten ausbrechen soll, schon
lange getroffen. Spitz stößt es in den Raum wie der Schienenräumer
an den Zugwagen alter Dampflokomotiven. 20 Minuten zu spät, aber
völlig frei von Schuldgefühlen.

Frank seufzt innerlich. Er hat keinen Bock auf solche Leute. Mit
einem Blick so trocken wie die Isolierwolle auf Dachböden zeigt er

durchs Fenster zur Straße auf den Monstertruck: «Der kann da so nicht stehen bleiben.»

«Wieso nicht?»

«Ist das eine ernsthafte Frage?»

Schweigend schauen sich die Männer an. Frank gegen Rainer. Fahrlehrer gegen Jäger. Jutta traut sich kaum, in ihr drittes Waffelröllchen zu beißen. Der Jäger ergreift als Erster wieder das Wort. Wie zur Aufzählung von Tagesordnungspunkten klappt er zunächst seinen linken Daumen aus und zählt mit dem rechten Zeigefinger ab.

«Erstens: Der Bürgersteig führt vor den Fahrzeugen entlang und nicht dahinter. Zweitens: Die Parkbuchten sind tief genug, dass ich trotz der Breite meines Wagens kaum Straßenfläche wegnehme. Drittens: Die Autos, die ich zuparke, gehören sicherlich alle meinen freundlichen Mitleidenden hier, oder?»

Jutta legt die Waffelrolle sorgsam für später ab. Karin macht sich aus Verlegenheit sinnlose Notizen auf dem Titelblatt ihrer Mappe.

Frank weiß: Jetzt hilft nur eisernes Schweigen. Einfach stehen bleiben, bis Rainer macht, was er zu machen hat. Während er ihn wie John Wayne weiter im Blick behält, macht er sich schnell eine Notiz in seine dicke Kladde: *Rainer = Typ* Der Kämpfer und Sieger/*Kategorie A.*

«Oh-oh», sagt Rainer, «jetzt kriege ich einen Klassenbucheintrag …»

Frank klappt die Kladde wieder zu und sagt: «Nur, dass keine Verwirrung aufkommt. Ihr seid alle freiwillig hier. Das ist keine MPU.

FRANKS FAKTENCHECK

Die MPU

Die «Medizinisch-Psychologische Untersuchung», im Volksmund «Idiotentest» genannt, muss angetreten werden, wenn die Behörde nach § 13 der Fahrerlaubnis-Verordnung (FeV) ein entsprechendes Gutachten verlangt. Sie besteht aus einem medizinischen und einem psychologi-schen Teil und dauert mehrere Stunden. Prinzipiell werden in ihr die körperlichen und geistigen Voraussetzungen des Fahrers oder der Fah-rerin geprüft, wie Konzentrationsfähigkeit und Reaktionsgeschwindig-keit, aber auch die innere Haltung zum Straßenverkehr und der eigenen Rolle sowie dem eigenen Verhalten darin. Wie genau die MPU abläuft, hängt von dem Grund ab, weswegen sie angeordnet wurde. Jemand, der durch Alkohol am Steuer den Führerschein verloren hat, wird anders geprüft und befragt als jemand, der ständig zu schnell fährt, oder jemand, der sein Fahrzeug gesetzeswidrig aufgemotzt hat und bei illegalen Autorennen erwischt wurde.

MPU, Idiotentest, Begutachtung der Fahreignung, Mobilitäts-prüfung – viele Begriffe, ein Gedanke: Hoffentlich muss ich das nie machen! Es sei unheimlich schwer, den sogenannten Idiotentest zu bestehen und somit den Führerschein wiederzubekommen, heißt es. Von den MPU-Kosten, die sich bei einem negativen Gutachten schnell verdoppeln können, ganz zu schweigen. Nur, wer in der MPU beweist, körperlich, geistig und charakterlich geeignet zu sein, weiterhin ein Kraftfahrzeug zu führen, bekommt seinen Führerschein zurück. Mit der reinen Simulation der Besserung ohne echte Reflexion des eigenen Verhaltens kommt man bei der Prüfung – trotz zahlloser Vorberei-tungskurse und Foren im Internet – nicht durch. Das Schauspiel fliegt meistens auf.

Aber wenn ich durch unser Kennenlernen zu der Überzeugung komme, dass jemand verkehrspsychologisch mehr als nur auffällig ist ...»

Rainer schüttelt den Kopf und presst Luft durch die geschlossenen Zähne. Es klingt wie Durchzug unter einer zu hoch gelagerten Keller-tür. Er hebt das kleine Autoschlüsselzepter erneut, öffnet von drinnen den Pick-up, geht nach draußen, startet den Motor und wuchtet den 20-Liter-Giganten in die kleine Stichstraße neben dem winzigen Park mit der Christus-Statue. Die Teilnehmer beobachten ihn mit verdrehten Köpfen.

Karin sagt: «Einen Smart hätte man problemlos da hinstellen können.»

Nach zwei Minuten ist Rainer wieder da, setzt sich, analysiert die Tischsituation, nimmt ein Stück Tonkarton, faltet es und schreibt seinen Namen darauf. Die zackigen Großbuchstaben erinnern an die alte Militärschrift aus dem berühmten Schriftzug der Achtziger-Jahre-Serie *Das A-Team*.

Frank wartet ab, bis Rainer die Kappe wieder auf den Filzer gesteckt hat, und räuspert sich. «Hier empfindet das wirklich jeder so, oder? Dass alle Regeln nur Schikane sind?»

«Meine Empfindung sagt mir vor allem, dass wir bei der nächsten Sitzung eine Kaffeemaschine brauchen», sagt Jutta.

«Ich kann eine mitbringen», sagt Thomas. «Mit Pads. Das schlanke Modell für den schnellen Kick im Büro. Oder in der Fahrschule.»

Frank sagt: «Thomas, du bist nicht im Dienst.»

«Und ich bringe gute Kekse mit», sagt Karin. «Nichts gegen deine Bemühungen, Frank, aber selbst gebacken ist das schon was anderes. Mit Mandelmehl, Rohrohrzucker und kleinen Drops aus eingeschmolzener Schokolade. Der Trick ist, keine Kuvertüre zu nehmen, sondern alles Mögliche einzuschmelzen, was einem gerade einfällt. Toblerone zum Beispiel. Oder Nusstafeln. Und immer Zimt und Kardamom einrühren in die schmelzenden Stücke!»

«Kaffeemaschine und Kekse würden mich freuen», sagt Frank. «Aber ich bleibe trotzdem bei meiner Frage.»

Ralph beugt sich wieder vor und zeigt auf.

«Ja?»

«Im echten Leben lassen sich die Regeln nicht immer einhalten. Selbst beim besten Willen nicht.»

«Das stimmt!», nickt Jutta. «Das ist wie in der Schule.»

«Oder beim Fußball ...», sagt Rainer.

«Wieso schaffen es dann manche?», fragt Frank. «Warum haben dann nicht alle so viele Punkte? Warum gibt's dann nicht mehr Fahrschulen mit solchen Seminaren als Supermärkte oder Gartencenter?»

FRANKS FAKTENCHECK

Wie viele Verkehrssünder gibt es?

Laut Angabe des Statistischen Bundesamtes waren zu Beginn des Jahres 2013 rund neun Millionen von 54 Millionen Führerscheininhabern im Flensburger Verkehrszentralregister (VZR) mit Punkten eingetragen. Mit anderen Worten: Lediglich 16,6 Prozent aller Fahrberechtigten wurden in höherem Maße auffällig. Die allerdings oft gleich mehrmals.

Die häufigsten Gründe für den Eintrag von Punkten waren die Geschwindigkeitsüberschreitung (56,7 Prozent), Alkohol am Steuer (15,4 Prozent) sowie Vorfahrtsmissachtungen (9,5 Prozent). Unter den Verkehrssündern dominieren mit gut zwei Drittel die Männer: Sie machen 77,4 Prozent aller Personen aus, die in Flensburg Punkte sammeln. Der Anteil der Frauen beträgt somit nur 22,6 Prozent.

«Wieso essen manche Trottel Fleischersatz aus Sojafasern?», sagt Rainer.

«Wieso kommen manche 20 Minuten zu spät zum Kurs, obwohl sie 200 PS unter der Haube haben?», kontert Frank.

«Weil dieser beschissene Nanny-Staat zwar kein offizielles Tempolimit hat, uns dafür aber auf der Autobahn mit Baustellen zum Schleichen zwingt», sagt Rainer.

«Aha, der ‹beschissene Nanny-Staat› ...», wiederholt Frank und schreibt es in seine Kladde.

Jutta beißt von ihrem dritten Waffelröllchen ab und schüttelt ihre gesamtschulfeste Frisur.

Frank sagt: «Jutta?»

Sie sieht auf.

«Fang du doch einfach an.»

«Womit?»

«Mit deiner Geschichte. Aus Behauptungen und Flüchen lernen wir nicht. Wir lernen nur aus Geschichten. Und ich merke: Dir liegt eine auf der Zunge.»

Jutta legt die halbe Waffelrolle wieder auf den Tisch und kratzt sich an der Nase.

«Na komm», sagt Frank. «Oder will jemand anders anfangen?»

«Nein, nein», sagt Jutta, «ich mach schon ...»

Juttas Fahrgeschichte:
Bei Onkel Ludwig pocht es

Grob verkehrswidrig innerorts rechts überholt (mit Sach-
beschädigung). Keine Punkte, da bereits Straftat nach StGB.

«Es gab zwar keine Punkte dafür, aber ich muss einfach mit der Geschichte anfangen, die mich am meisten aufgeregt hat. Vorher aber noch mal ganz offiziell: Ich bin Lehrerin von Beruf. Mehr muss ich, glaube ich, nicht sagen, oder?»

Die Runde schaut abwartend zu Jutta, die schon nach dem ersten Satz eine Pause gemacht hat. Das gefällt ihr, denn das funktioniert manchmal sogar in der Schule. Ist die Klasse unaufmerksam, hilft es nicht, zu brüllen, sondern im Gegenteil, immer leiser zu werden.

«Ich bin Lehrerin! Hallo? Ihr wisst, was das bedeutet, oder?»

DIE BELIEBTESTEN AUSREDEN DER VERKEHRSSÜNDER

«Ich bin … [hier bitte beliebigen Beruf eintragen]!»

Alle Menschen, die im Straßenverkehr auffällig werden, teilen ein Schicksal: Sie haben den mit Abstand anstrengendsten Beruf im Land. Alle anderen nicht. Die lassen es sich den lieben langen Tag gut gehen, drehen im Büro Däumchen oder verbringen ihre Zeit auf dem Sofa in einer Strandvilla, weil sie reich geerbt haben. Der Verkehrssünder hingegen ist den höchsten Belastungen ausgesetzt, und zwar völlig unabhängig davon, welchen Beruf er ausübt. Die Hirnchirurgin sammelt Punkte in Flensburg, weil sie über eine anstehende OP nachdenkt. Der Student sammelt Punkte in Flensburg, weil er dringend Punkte auf seinem Seminarkonto braucht. Leicht haben es immer nur die anderen.

Wann die Ausrede legitim ist ...

Viele Berufe und Mehrfachbelastungen im Leben führen tatsächlich dazu, dass manch einer hinterm Steuer so erschöpft, müde und überanstrengt ist, dass ihm zwangsläufig Fehler unterlaufen. Der ADAC untertitelt seine lesenswerte Broschüre zum Thema «Müdigkeit im Straßenverkehr» daher treffend mit den Worten: «Unterschätzt. Verkannt. Tödlich.» Die Konzentrationsfähigkeit lässt bereits nach 17 Stunden ohne Schlaf ähnlich stark nach wie beim gerade noch erlaubten Blutalkoholwert von 0,5 Promille. Wer aufgrund seines Berufes oder anstrengender privater Verwicklungen nach 24 durchwachten Stunden noch fährt, könnte sich genauso gut mit 1,0 Promille ans Steuer setzen. Legitim ist die Ausrede also nur insofern, als dass die Aufgaben und Belastungen des Lebens die Fahrtüchtigkeit tatsächlich senken und die Fehler, die aufgrund dieser Erschöpfung auftreten, nichts mit böswilligem Rowdy-Fahrverhalten zu tun haben. Das entschuldigt allerdings nicht, sich weiterhin für fahrtüchtig zu halten, wenn man es eigentlich längst nicht mehr ist. Hier ist Ehrlichkeit sich selbst gegenüber vonnöten. Eine Methode, bei der Frage, ob man noch sicher fahren kann, zu einer aufrichtigen Antwort zu kommen, besteht darin, sich vorzustellen, man würde die gleiche Strecke mit dem Zug zurücklegen. Kommt einem als erster Gedanke bei dieser Phantasie in den Sinn, wie man sich zurücklehnen und im Abteil die Augen schließen würde, sollte man kein Kraftfahrzeug mehr anwerfen.

Frank sagt: «Klär uns auf.»

Jutta schaut zu ihm. Er hat die Kladde aufgeschlagen. Sie kann gut verstehen, dass er für diesen Kurs ein Klassenbuch angelegt hat, auch wenn sich der Rollentausch mehr als komisch anfühlt.

Sie sagt: «Das bedeutet: Zwei Dutzend pubertierende Jugendliche, die sich für nichts anderes interessieren als für die drei drängenden Fragen: Wen kann ich heute beschimpfen? Wen kann ich morgen ausziehen? Und: Über wen macht gerade etwas Peinliches auf Facebook oder WhatsApp die Runde?»

Karin nickt, und Thomas lacht: «Bin ich alt! Bei uns ging der Tratsch über die Leute noch auf zerknitterten Zetteln herum.»

Jutta sagt: «Und während sich meine Schüler diese drei Fragen stellen, dünsten sie aus. Wegen der Hormone. Und weil sie sich alle diese billigen Parfüms aus dem Ein-Euro-Laden draufknallen, dass man blind wird vor Gestank. Eine Mischung aus Zwiebeln, Fisch, Moschus und süßlichem Zerstäuber. Übrigens unabhängig davon, ob es wirklich heiß ist. Teenagern ist immer heiß. Sie stinken von März bis Oktober.»

Ralph sagt: «Duftbäume aufhängen.»

«Um Gottes willen!»

«Das machst du in deinem Laster?»

«Die Dinger sind ja ekelhaft!»

«Serienmörder hängen Duftbäume auf, um Leichengeruch zu überdecken!»

«Bah!»

Frank hebt die Hände, in der rechten klemmt sein Kugelschreiber zwischen Daumen und Zeigefinger: «Ruhig, Leute! Ganz ruhig. Jutta, lass dich nicht beirren. Einfach weiter. Die Schüler stinken und sie schimpfen.»

«Ja. Und die Schule selber stinkt übrigens auch. Mein Kollege Hermann sagt immer, das sei altes Linoleum und Asbest. Ich sage: Das ist der Geruch der Verzweiflung.»

«Wie geht es dir dabei?», fragt Frank.

«In dem Gestank?»

«In dem Beruf.»

Jutta überlegt. Sie denkt daran, was an dem Tag, von dem sie erzählen will, auf der Heimfahrt passiert ist.

Frank sagt: «Wie müssen wir uns das vorstellen? Das Stinken und das Schimpfen?»

Jutta winkt ab: «Ach, das ist halb so wild.»

«Das glaube ich dir nicht», sagt Frank.

Thomas fragt: «Bleibt hier eigentlich alles unter uns? Gibt es eine Kursleiterschweigepflicht?»

Frank nickt mit ernstem Blick: «Nicht auf dem Papier. Aber bei meiner Ehre.»

Das glaubt Jutta dem Fahrlehrer allerdings aufs Wort. Irgendwie hat er etwas an sich, das ihn vertrauenswürdig erscheinen lässt. Verlässlich und unbestechlich.

Sie seufzt: «Hast du eine Tageszeitung hier?»

Frank steht auf, läuft nach vorne zu seinem Schreibtisch neben der Tür und kehrt mit einer aktuellen Ausgabe zurück. Jutta nimmt sie und zeigt auf eine kurze Geschichte auf der Titelseite. Zwei Spalten am unteren Ende.

«Hier. So einen Artikel sollten meine Schüler lesen und mit eigenen Worten wiedergeben. Das war alles. Fragt mich, wie viele es überhaupt versucht haben.»

Ralph fragt: «Wie viele haben es überhaupt versucht?»

Jutta knallt die Zeitung auf den Tisch und klappt den rechten Daumen auf: «Einer! Ein einziger! Cedric. Ein guter Junge. Neu in der Klasse. Still wie ein Glas Volvic. Aber einer, wo du merkst: Der will. Der hat es irgendwie nicht leicht, und du wirst noch nicht schlau aus ihm, aber eines weißt du schon jetzt. Der will. Und der ganze Rest der Klasse will nicht. Und die, die nicht wollen, wollen auch nicht, dass irgendein anderer will. Das wäre ja noch schöner!»

Jutta greift sich einen Keks und zerkaut ihn innerhalb von Millisekunden. Noch im Schlucken spricht sie weiter und spürt, dass es ziemlich gut tut, einmal über ihren Berufsalltag reden zu können. Wieso eigentlich nicht mal ein bisschen Dampf ablassen?

Sie erzählt: «Viktor malt erigierte Penisse und kichert. Ali und Charlène senden sich gegenseitig Beleidigungen per WhatsApp und denken, ich würde es nicht merken. Dabei gucken sie bei jeder zweiten Beleidigung entsetzt von ihrem Telefon rüber zum anderen und zischen mit schmalen Augen Flüche. Ich nehme Charlène das Handy weg. Sie sagt: ‹Hab ich gar nix gemacht, Alder!› Darauf Ali: ‹Es heißt „Ich hab gar nix gemacht, Alder“! Das „ich“ muss nach vorne. Die Charlène ist voll untergebildet!›»

Thomas muss lachen.

«Das ist nicht zum Lachen», sagt Jutta. «Diese Sprache macht ihnen alles kaputt. Die Kids gewöhnen sich den Mist an und kriegen später keinen Job, selbst wenn sie gute Noten haben. Weil sie klingen wie die letzten Idioten.»

Rainer nickt: «So verbrennt man unsere Steuergelder gleich zweimal. Einmal in der Schule und später dann in der Sozialhilfe.»

Jutta funkelt ihn an. Der Jäger mit dem 20-Liter-Pick-up sitzt ihr fast genau gegenüber, am äußersten rechten Rand. Wäre der Lichtstrahl des Beamers nicht im Weg, hätte er sich neben Frank an das andere Kopfende der Tischtafel gesetzt.

«Wir versuchen jeden Tag, keinen zurückzulassen, lieber Rainer. Jeden Tag. Keinen Ali, keine Charlène und erst recht keinen Cedric, der tatsächlich Wörter in dem Zeitungsartikel unterstreicht, aber sich nicht traut, was zu sagen, weil er dann als Streber gilt. Wie gesagt: Die, die nicht wollen, wollen nicht, dass irgendein anderer will.»

Frank sagt: «Und, Jutta? Nimmst du das mit auf die Straße? Diesen Ärger? Dieses Engagement als Lehrerin? Wir merken ja hier alle, dass dir das wirklich zu Herzen geht.»

Jutta kratzt sich an der Nase, hinterm Ohr. Schaut aus dem Fenster, dann wieder in die Runde.

«Fünf Minuten», sagt sie.

Frank schüttelt den Kopf: «Nicht jetzt schon. Ich weiß, wir haben Raucher unter uns, aber eine Pause machen wir erst später.»

«Nein», sagt Jutta. «In der Schule. Fünf Minuten. Im Lehrerzimmer.

Nach Feierabend. Die braucht jeder von uns. Nur diese fünf Minuten. Keiner geht aus der letzten Stunde direkt zu seinem Wagen. Immer erst ins Lehrerzimmer, wo du dem Kollegen ansiehst, wenn er Ruhe braucht. Fünf Minuten. Die sind überlebenswichtig. Wenn du die nicht kriegst ...»

Frank fragt: «Und die hast du an dem Tag nicht bekommen, diese fünf Minuten?»

Jutta presst die Lippen zusammen: «30 Sekunden waren's. Ein Keks, ein Schluck Kaffee, einmal geatmet. Da klingelt mein Telefon. Onkel Ludwig. Wann ich nach Hause käme. Ich frage ihn, wieso. Er sagt, weil der Handwerker komme. Ich frage ihn, welcher Handwerker. Und warum. Er sagt: ‹Weil es pocht. Seit heute Morgen pocht es.› Ich sage: ‹Es pocht bei dir im Kopf! Da pocht es!»

Karin sagt: «Ich finde das immer noch erstaunlich, dass du dich in deinem Haus um den alten Onkel kümmerst. Mit dem alten Vater wohnen, klar ...»

«Wir sind die Letzten», sagt Jutta. «Außer uns ist keiner von der Sippe übrig.»

Frank sagt: «Weiter.»

«Ja, jedenfalls: Bei Onkel Ludwig pocht es. Ich sage ihm, er soll dem Dondrup einen Kaffee anbieten, wenn er kommt. Das ist der Handwerker, den man bei uns im Dorf anruft, wenn was ist. Ganz egal, was. Er arbeitet, wie soll ich sagen, unbürokratisch. Also, er spart sich die Rechnungen. Und die Mehrwertsteuer.»

Rainer grinst: «Das gefällt mir!»

Frank macht sich eine Notiz in seiner Kladde.

Jutta sagt: «Onkel Ludwig erklärt mir, dass er den Dondrup nicht an die Strippe gekriegt habe. Also hat er in der Stadt angerufen. In der Stadt! Bei irgendeinem Knilch aus den *Gelben Seiten*. Hausmeister-Service. Wisst ihr, was das heißt?»

Alle schütteln den Kopf.

«Auf dem Land heißt das: Dem Mann kannst du dein Leben anvertrauen. In der Stadt heißt das: Wenn du viel Glück hast, haut er dich nur übers Ohr. Hast du Pech, sind hinterher dein Erspartes und der Schmuck aus dem gesamten Haus weg.»

Rainer nickt wissend.

Jutta fährt fort: «So. Jetzt hast du einen solchen Onkel zu Hause sitzen, der in zehn Minuten einem fremden Mann die Tür aufmacht. Vielleicht in 15, mit viel Glück. Du brauchst 20, bis du da bist. Und allein schon drei davon nur, um vom beschissenen Schulparkplatz runterzukommen, weil die ganzen Mütter sich beim Abholen ihrer Kinder mit ihren riesigen Geländewagenschiffen ineinander verkeilt haben. Die sollen gefälligst Kleinwagen fahren, wenn sie mit zwei Tonnen und 200 PS nicht umgehen können! Onkel Ludwig habe ich natürlich gesagt, er soll warten, bis ich da bin, aber ich kenne doch meinen Ludwig. Wenn es eine Angst gibt, die er hat, dann die, von den Leuten nicht gemocht zu werden. Seit Jahren haben wir Bofrost, weil er den Tiefkühlvertreter nicht kränken wollte.»

Thomas schmunzelt. Karin verzieht das Gesicht und sagt: «Schon der Gedanke an Tiefkühlgemüse bereitet mir Schmerzen.»

Jutta sagt: «Ich werfe mich also in meinen Kia und schlängele mich durch die Blechberge. An der Ausfahrt vom Schulhof kommt ein Wagen von links, da sitzt ein Typ Mensch drin, der ist noch schlimmer als die Mütter. Ein moderner junger Mann, Anfang 20. Früher war man in dem Alter halbstark. Jetzt ist man vollschwach.»

Ralph muss laut lachen.

Jutta wartet ab.

Frank fragt: «Ralph?»

Der Lkw-Fahrer zeigt zu Jutta und wippt mit dem Finger auf und ab: «Solche kenn ich! Lass mich raten? Der hat eindeutig Vorfahrt, bremst aber trotzdem erst mal ab?!»

«Genau!», sagt Jutta. «Wird langsamer, weil ich an der Ausfahrt stehe. Hallo?! Hält aber auch nicht an, um mich auf die Straße fahren zu lassen. Das wäre ja auch total dämlich. Also eiert er da rum, als würde er auf Mamas Erlaubnis warten!»

Ralph sagt: «Super ist auch, wenn die versuchen, auf die Autobahn aufzufahren. Tasten sich mit 52 Kilometern pro Stunde auf die Auffahrspur, werden dann erst *etwas schneller* und dann, wenn man extra schon bremst, damit sie auffahren können, werden sie wieder *langsamer*! Einmal bin ich runter auf 65, und was macht der Junge? Schleicht parallel zu mir auf der Auffahrspur rum und bleibt dann am Ende stehen!»

Rainer nickt, als erlebte er die Schwäche des modernen jungen Mannes auch jeden Tag im Wald, weil keiner mehr auf Tiere schießen will und der Jägerstand ausstirbt.

Frank sagt: «Danke, Ralph, zu so was kommen wir noch. Jutta, lass uns raten. Es gab einen Unfall mit dem Vollschwachen?»

«Nein. Ich habe ihn durchgewunken. Dann bin ich auf die Straße eingebogen. Vor meinem inneren Auge klopft zu Hause schon der ‹Handwerker›.»

Jutta denkt daran, wie sich das angefühlt hat. Diese innere Unruhe. Diese Anspannung. Obschon nur eine Erinnerung, zieht es ihr jetzt im Magen, als wäre wieder dieser Tag, als würde sie wieder hinter dem Lenkrad sitzen.

«Okay, und jetzt müsst ihr es euch so vorstellen: Die nächsten fünf Kilometer aus der Stadt fährt man über eine zweispurige Allee, mit Parkplätzen am Rand. Alte Häuser. Kastanien. Platz ohne Ende! Die Straße ist so breit, da könnten sogar die Mütter mit ihren Geländewagen in einem Zug wenden – und trotzdem ist da die ganze Strecke über Tempo 30! 30! Und keiner da. Nicht vor mir, nicht hinter mir. Ein Eichhörnchen könnte seine Beute von der Straße sammeln, und ich würde es noch rechtzeitig bemerken! Aber gut, ich fahre 30. Bin ja eine brave Bürgerin. Mein Telefon klingelt wieder. Ich gehe ran.

Ludwig sagt, er sei da. Der Handwerker aus der Stadt. Er fahre gerade vor. Ich sage, er solle warten. Ludwig sagt, er könne den armen Mann doch nicht draußen vor der Tür stehen lassen. Wieso ich eigentlich mit den Jahren so unhöflich geworden sei. Ich halte das Telefon von meinem Ohr weg und beiße die Zähne zusammen. Im Radio kommt Werbung für Carglass. Vor mir sind plötzlich Autos. Es staut sich. Viel weiter vorne brummt es. Ich sehe Bagger und einen Kran. Eine Baustelle. Der Rückstau endet auf Höhe einer Imbissbude. Ein paar Tische und Stühle stehen auf einem Vorplatz genau an der Ecke. So Plastikzeug. Geradeaus geht nichts mehr. Direkt hinter der Imbissbude geht eine Straße rechts rein. Durch die könnte ich den Stau umfahren. Ich sage Onkel Ludwig, der Handwerker solle einfach draußen am Haus anfangen, nach dem Grund des Pochens zu suchen. Ludwig sagt, es poche aber drinnen. Ich denke mir: Ja, ganz weit drinnen, zwischen deinen Ohren. Ludwig sagt, der arme Mann klingele jetzt. Ob er ihm wenigstens einen Kaffee rausreichen dürfe. Ich weiß: Der hält das nicht mehr lange aus. Wie gesagt, es ist unerträglich für Ludwig, wenn andere seinetwegen verärgert sind. Außer ich natürlich. Ich darf mich ruhig aufregen, ich gehöre ja zum Inventar. Wie die Wanduhr oder der Sitzrasenmäher. Ob der Sitzrasenmäher sich über ihn aufregt, ist Onkel Ludwig egal, solange das Ding seinen Dienst tut.»

«Ich muss wirklich dringend nach Hause.»

Alle Menschen, die im Straßenverkehr auffällig werden, teilen ein Schicksal: Sie müssen *wirklich dringend* nach Hause. Alle anderen nicht. Die fahren im Grunde nur zum Vergnügen durch die Gegend, haben noch viel Zeit oder müssen sich in ihrem Dasein sowieso um niemanden kümmern. Der Verkehrssünder hingegen hat Menschen zu betreuen, die jeden Augenblick den größten Blödsinn anstellen, ganz egal, welche Menschen das sind. Babysitter, die bereits mit den Hufen scharren und dringend abgelöst werden müssen. Väter oder Onkel mit leichter Demenz und gefährlicher Treuseligkeit. Zeit haben immer nur die anderen.

Wann die Ausrede legitim ist ...

Der konkrete Anlass, der einen mit dem Bleifuß nach Hause drängt, spielt keine Rolle. Für die Gefährdung anderer Verkehrsteilnehmer durch persönliche, dringliche Gründe gibt es keine Entschuldigung. Vor allem nicht, wenn man bedenkt, dass «ein Fahrer erst nach sechs, sieben Jahren wirklich ausgelernt» und die «nötige Erfahrung» hat, um «auch in komplexen, schwierigen Situationen die Kontrolle zu behalten». So der Verkehrspsychologe Adalbert Allhoff-Cramer in einem Interview mit dem Magazin *Der Spiegel*. Wer aufgrund aufwühlender Dringlichkeit diese Kontrolle verliert, müsse «die Rahmenbedingungen neu gestalten und wieder Herr der Lage werden», so etwa durch einen entlastenden Anruf, der den Termin verschiebt oder das Problem daheim in andere Hände legt. Schimpfen und Fluchen allerdings seien der Wachsamkeit im Verkehr förderlich, da sie als Ventil unnötigen Druck ablassen. Ebenso erhöht leichter Stress die Aufmerksamkeit, wie eine Studie des australischen George Institute for Global Health berichtet. Wer innerlich nicht gerade auf 180, aber vielleicht auf 120 ist, passt besser auf, als der komplett gelassene Typ.

Jutta erzählt: «Ich hupe und fluche. Drei Autos weiter vor mir geht's nach rechts in die rettende Straße.»

Frank sagt: «Nein!»

Jutta seufzt und zuckt mit den Schultern. Der Fahrlehrer ahnt anscheinend schon, was sie gemacht hat. Dabei hat sie gerade *das* im Vorgespräch noch nicht erwähnt.

Frank sagt: «Du bist ...?»

Jutta wirft die Hände in die Luft: «Ja, was sollte ich denn machen? Hm? Mit einem Onkel, bei dem's pocht?»

Die Gruppe schaltet nicht so schnell wie der Kursleiter. Frank klärt sie auf: «Jutta hat die drei Autos rechts überholt und ist quer über den Imbissbudenvorplatz in die Straße eingebogen.»

Ralph reißt die Augen auf. Das linke zuckt wie immer, das rechte zeigt sich bestens unterhalten.

Jutta sagt: «Mein Spiegel hat den ersten Plastikstuhl gestreift und dann war es plötzlich wie Domino. Ich höre noch, wie es knackte, als das Mobiliar unter meine Reifen geriet. Hörte sich an wie frische Hühnchenknochen. Weiße Splitter überall. Die Tür springt auf, und der Imbisswirt kommt aus der Bude gerannt. Da wusste ich: Okay, jetzt einfach abzuhauen, wäre noch schlimmer, als Onkel Ludwig mit dem fremden Mann alleine zu lassen und das Beste zu hoffen.»

Frank sagt: «Das war eine Straftat. Da greift nicht mal mehr die Straßenverkehrsordnung, sondern das Strafgesetzbuch.»

Jutta sagt: «Wenn der Imbissmann die Polizei gerufen hätte, ja.»

Rainer stöhnt auf, als wüsste er als Einziger hier in der Runde, wie das Leben wirklich läuft, und sagt: «Wie viel hat das Arschloch genommen?»

Jutta widersteht dem Impuls, Rainer wie in der Schule für das Schimpfwort zu tadeln, und sagt: «Ich habe das später mal nachgeschlagen. Im Internet. Der einfache Stapelstuhl aus weißem Plastik? Kostet fünf Euro. Neu! Das Modell heißt ‹Niederlehner in Loreta-Weiß›. Der einfache ‹Kunststofftisch Outdoor›? 30 Euro. Wenn's hochkommt! Mein Preis an dem Tag, damit der Imbissmann nicht die Bull... äh, die Polizei ruft? 250 Euro für drei Stühle und einen Tisch. Mehr Bargeld hatte ich nicht dabei.»

Phänomen der Autofahrerseele: die Brechstange

Der Mensch ist ein Vernunftwesen. Bis er hinterm Steuer sitzt und glaubt, keine Zeit mehr zu haben. Dann passiert es, dass er einen Ausweg sieht, der keiner ist, und er sich trotzdem denkt: Da fahre ich jetzt durch! Die Vernunft schreit: Mach das nicht! Doch sie kann nichts gegen den Impuls ausrichten, der es für naheliegender hält, mit der Brechstange einen unmöglichen und/oder verbotenen Ausweg zu wählen. So wie bei sehr kurzen Einbahnstraßen, durch die man locker zehn Minuten umständliche Kurverei einsparen würde, nimmt man sie als Abkürzung. Und die man, um nicht erwischt zu werden, natürlich ganz besonders schnell durchfährt. Erst nach dem Unfall, wenn seine Umgebung in Trümmern liegt, kommt der Mensch wieder zu sich. Videospieler kennen das von Szenen, in denen man erst ganz bestimmte Manöver fahren oder ein Rätsel lösen muss, bevor es weitergeht. Und dann versuchen sie trotzdem, einfach stumpf durch die Gegner zu brechen. Auch bei Kreuzworträtseln gibt es dazu eine Entsprechung: Man wählt ein Wort, von dem man im Grunde schon weiß, dass es eigentlich nicht richtig sein kann und drückt es trotzdem «vorläufig» ins Papier – unradierbar, mit dem Kuli! Als wäre nicht klar, dass es nach diesem «vorläufig» natürlich nicht weitergeht, sondern man das ganze Rätsel in die Ecke pfeffern kann.

Straßenverkehrsordnung, Paragraph 12 (Ausnahmen)

Jutta lehnt sich auf den Tisch und schaut in die Runde.

Ralph sagt: «Cool. Mit einem Laster kann jeder die Gastronomie kaputtfahren, aber mit einem Kia? Das ist schon was.»

Rainer lacht.

Frank beißt sich auf die Unterlippe, um nicht zu grinsen. So ist es immer mit seinen Teilnehmern: Wäre das alles nicht so eine ernste Sache, könnte man sich kaputtlachen.

Karin fragt: «Was war denn jetzt mit deinem Onkel?»

«Er hat die Tür tatsächlich zugelassen. Der fremde Handwerker ist wieder gefahren. Ludwig hat mir schwerste Vorwürfe gemacht, dass ich ihn dazu gezwungen hätte. Barbarisch sei das gewesen, meinte er.»

«Und das Pochen?»

«Das war natürlich plötzlich von selbst weg, sein komisches Phantompochen.»

Frank räuspert sich und denkt an seine wichtigste Technik. Einfach nur in Frageform wiederholen, was die Leute erzählen. Dann merken sie schon ganz von alleine, wie absurd ihr Verhalten war.

Er fragt: «Wieso bist du quer durch die Imbissmöbel gefahren, Jutta? Wieso macht man so was?»

«Ja, wenn du das so fragst, klingt es wirklich seltsam ...»

Frank steht auf. Er mag es, wenn sein Plan aufgeht. Und er geht jedes Mal auf. Deswegen mag er diese Kurse. Weil sich alles immer so fügt, wie er es in seiner Therapeutenseele geplant hat.

«Wahrscheinlich hättest du noch eine, vielleicht zwei Minuten warten müssen, bis sich die Schlange die paar Meter bewegt hätte, um rechts reinbiegen zu können. Aber du hast dich für die Möbel entschieden? Oder eher: dagegen?»

«Na ja, ich wollte ja an ihnen vorbei. Es ist nicht so, als ob ich mir gesagt hätte: Heute fräst du mit dem Kia mal wieder so richtig schön durch die Möbel der örtlichen Pommesbude.»

«Ja, aber was hat dein Kia überhaupt da verloren? Hast du das in der Fahrschule gelernt? Rechts überholen ist im Straßenverkehr erlaubt, solange es nur quer über Imbiss-Areale geschieht?»

Rainer sagt: «Das steht, glaube ich, in der StVO, Paragraph 12, unter Ausnahmen.»

Milosz schmunzelt.

Frank macht wortlos einen Eintrag.

Dann schaut er wieder in die Runde und klatscht in die Hände: «Deswegen erzählt ihr das hier. Eure Fahrgeschichten. Weil alle hier bestimmt etwas gemacht haben, von dem sie schon in dem Augenblick, wo sie es machten, wussten, wie falsch es war.»

«Oder kurz davor …», murmelt Thomas.

«Bitte?», fragt Frank.

«Ach, nichts.»

«Doch, sag es bitte laut, Thomas.»

Thomas seufzt. Er schaut an Karin vorbei aus dem Schaufenster der Fahrschule, als würde dort jemand stehen und ihn tadelnd beobachten.

«Thomas?»

Der Vertreter schaut zu ihm, als wäre er gerade aus dem Halbschlaf aufgewacht. Ein drahtiges Haar bahnt sich den Weg aus seinem rechten Nasenloch. Dass er als Vertreter dafür kein Auge hat, bedeutet für Frank, dass ihn ernste Probleme plagen müssen. Eine Vermutung, die Frank schon damals am Telefon hatte.

«Sei doch so gut und erzähl als Nächster. Es kommt jeder dran.»

Thomas presst unschlüssig die Lippen zusammen. Karin greift zur Schüssel, sucht unter dem schlechten Industriegebäck das beste Stück heraus, hält es über den Tisch und sagt: «Komm, kriegst auch einen Keks!» Thomas lächelt, nimmt das Zuckergebäck und sagt: «Na gut, warum nicht?»

Thomas' Fahrgeschichte:
Immer im Gespräch

Das Handy am Steuer benutzt. 1 Punkt, 40 Euro.
(Heute: 1 Punkt, 60 Euro.)

Gut, dass mir hier niemand in den Kopf schauen kann, denkt sich Thomas, bevor er mit dem Erzählen anfängt. Gut, dass keiner wie er seine Mutter Edith draußen vor dem Fenster der Fahrschule stehen sieht, die Arme verschränkt und diesen Blick in den Augen, der sagt: Ja, das hast du jetzt von deiner dämlichen Rumfahrerei. Hockst am Samstagvormittag beim Nachsitzen wie ein Teenager. Der gleiche Blick, den sie aufsetzt, wenn sie die *Tagesthemen* eingeschaltet hat und das Geschehen auf der Welt gehässig mit Gift und Galle überzieht, während Thomas ihr das Nötigste in der Wohnung richtet. Wobei das Nötigste das, was nötig wäre, bei weitem übersteigt. Jutta hat keine Ahnung, wie gut sie es mit ihrem kauzigen Onkel Ludwig noch getroffen hat.

Thomas wischt den Gedanken beiseite und schaut über den Tisch in die Augen von Karin, die in ihrer Freizeit Schokolade über selbst gemachten Keksteiglingen schmelzen lässt. Es ist schon eine Weile her, dass er einer Frau richtig in die Augen gesehen hat. Der Blick lohnt sich. Karins Augen sind glänzend braun, bernsteingesprenkelt.

Thomas klickt den Kugelschreiber der Fahrschule einmal auf und zu und sagt schließlich: «Frank? Wie viele Einwohner hat dein kleiner Ort hier?»

«Um die 12 000.»

«Dann ist das Postamt bestimmt im gleichen Laden wie das Schreibwarengeschäft, oder?»

Frank nickt und sagt: «Und die Buchhandlung.»

«Ha!» Thomas klopft auf den Tisch und hebt sofort wieder die Hand. «Das ist genau die Art von Geschäft, die ich als Vertreter am häufigsten besuche. Und am liebsten. Dörfliche Einzelhändler. Ich verkaufe ihnen *alles* aus unserem Sortiment, also auch das, was man nicht unbedingt braucht. Kennt ihr die kleinen Aufsteller auf den Theken solcher Läden? Zum Drehen? Mit den winzigen, würfelförmigen Verpackungen aus durchsichtigem Kunststoff, die Kleinkram für 1,29 Euro beinhalten? Zum Beispiel Radiergummis, die beschissen radieren, dafür aber total süß aussehen? Ein Kaktus mit Blüte und Gesicht. Eine Pfanne mit Spiegelei und winzigem Pfannenwender. Irgendwelche putzigen Tiere.»

«Ja, die kenne ich», sagt Karin, «meine Lara sammelt die Dinger bis heute!»

Thomas senkt das Haupt wie in einem alten Ritterfilm: «Das ist meine Schuld, Mylady!»

Karin lacht.

Jutta sagt: «Ich wäre froh, wenn meine Schüler überhaupt radieren würden. Das würde nämlich bedeuten, sie hätten vorher etwas geschrieben.»

Frank fragt: «Worauf läuft das hinaus, Thomas?»

Thomas setzt sich im Stuhl auf, stützt die Ellbogen auf den Tisch und macht sich bereit, die Szene, die er schildern will, mit den Händen zu untermalen. Er hat viele Kurse in Körpersprache und Rhetorik belegt und weiß, was er tut. Wie man wirkt, ist wichtig, denkt er. Wie man wirkt, erzeugt einen Vorsprung. Immerhin gibt es Kollegen, denen wachsen Haare aus Nase und Ohren, und sie merken es nicht.

«Ich stehe also gerade im Laden von Herrn Tannwald. Mein Lieblingskunde. Ein Traditionalist. Verkauft sogar noch echte Schreibfederhalter und Tinte in kleinen Gläsern. Trotzdem drehe ich ihm gerade erfolgreich einen zwei Meter hohen Präsentationsaufsteller mit neonbunten klammerlosen Heftern aus Japan an. Obwohl er gerade noch seinen Lieblingssatz sagt: ‹Kann man hinstellen. Muss man aber nicht.›»

Thomas greift sich eine kleine Flasche Wasser und nimmt einen Schluck. Es macht ihm Spaß, diesen fremden Menschen von seinen Alltagserfolgen zu erzählen. Seine Mutter hat seinen Beruf nie ernst genommen. Vertreter. Alleine das Wort kann sie bis heute nicht ohne Geringschätzung aussprechen. Schon als Thomas acht war, hat seine Mutter die Welt auf dem Beifahrersitz in Gut und Böse unterteilt, während sein Vater gemächlich lenkte. Gut waren in ihren Augen nur die langsamen Möhren, die Ärmlichkeit verkörperten, oder die bescheidenen Kleinwagen. Mit 80 dahinrumpelnde Transporter samt Zelten und Kanus auf dem rostigen Dach oder eiförmige Opel Corsa mit dem Aufdruck des mobilen Pflegedienstes. Böse waren die Geschäftsleute, die links im Audi oder Benz überholten, die Männer mit der eingebauten Vorfahrt, wie sie sie gerne nannte. Die, die weiße Hemden tragen, aber niemals eine weiße Weste haben. Als Kind fand Thomas ihre Lästereien im Auto sogar noch ganz lustig. Es stimmte doch, dachte er, auch in Actionfilmen waren die Bösen immer die mit den Anzügen. Die guten Jungs hatten Schulden und kämpften im dreckigen Feinrippunterhemd. Immerhin konnte seine Mutter sich zu dieser Zeit noch über vieles freuen. Kamen sie aus den Ferien wieder und den beiden Kanarienvögeln ging es gut, zirpte sie zehn Minuten mit ihnen herum, dass es ebenso schön wie peinlich war.

Bevor Thomas weiterspricht, kann er nicht widerstehen, auf dem Etikett der kleinen Flasche nachzulesen, aus welcher Quelle das Mineralwasser geschöpft worden ist. Sie befindet sich in der Nähe von Bielefeld. Er macht sich eine Notiz auf der Rückseite seines Namensschildes. Heute Abend wird er die Adresse bei Google Earth eingeben und sich die Firma, die das Wasser abfüllt, durch glasklare Satellitenbilder von oben ansehen.

«So», fährt er fort, und das Wasser pitzelt noch ein wenig in der Flasche nach, als er sie abstellt. «Zwar steht jetzt dieser Satz im Raum, aber ich weiß *trotzdem*, dass ich dem altmodischen Tannwald den Aufsteller mit den neonbunten klammerlosen Heftern andrehen werde. Denn was mache ich jetzt?»

Milosz schüttelt sachte den Kopf, zieht einen Zahnstocher aus seiner Hemdtasche, schabt damit etwas Dreck unter dem Nagel seines linken Zeigefingers hervor und steckt sich den Stocher danach zum Kauen in den Mundwinkel.

Die anderen lassen sich auf Thomas' Spiel ein.

«Du bietest ihm 40 Prozent Einkaufsrabatt an», spekuliert Jutta.

Ralph sagt: «Du erklärst ihm, wieso Hefter ohne Klammer besser sind und jeder Kunde sie demnächst haben will. Das Gerät verstopft nicht. Hunde fressen keine Klammern mehr vom Boden und verschlucken sie.»

Karin meint: «Es gibt bei deiner Firma immer Gummibärchenaufsteller für die Kundentheke dazu.»

Thomas schüttelt lächelnd den Kopf und sagt: «Nein. Ich frage den alten Tannwald, was Toni macht.»

«Toni?»

«Toni ist sein Sohn. Der mittlere von dreien. Spielt Fußball im örtlichen Club, Innenverteidiger. Rückennummer 2. Der älteste Sohn, Florian, ist letztes Jahr Vater geworden. Der jüngste, Benjamin, macht gerade sein Abitur. Also frage ich nach der Lage des Vereins, nach dem kleinen Enkel und nach den Noten von Benny. Das ist die wichtigste Technik. Kenne deine Kunden. Und wenn das nicht reicht, gibt's noch den Schulterschluss. Dann lästert man gemeinsam über etwas. Zum Beispiel den doofen Verein aus der Nachbarschaft, der in der Tabelle über Tonis Club steht, oder die albernen berufsjugendlichen Männer, die es nicht zu schätzen wissen, Opa geworden zu sein.»

«Wie merkst du dir das alles?», fragt Karin. «Du musst doch Hunderte von Kunden haben.»

«Eine dicke Kladde. Ganz traditionell. Liegt seit Jahren im Dienstwagen und wird immer aktualisiert.»

Frank sagt: «Ich weiß wirklich zu schätzen, dass du uns hier einen Einblick in die Tricks deines Berufs gibst. Aber wir haben leider nicht genug Zeit, um uns auch noch um die Psychologie des Verkaufens zu kümmern. Hier geht es nur um die des Fahrens.»

Thomas hält kurz inne, nimmt einen weiteren Schluck Wasser aus der 200-Milliliter-Flasche und zelebriert die dramatische Pause so lange, bis sogar Milosz die Inspektion seiner Fingernägel unterbricht und aufschaut, als wollte er sagen: Na, geht's noch weiter?

Da sagt Thomas: «Ich bin noch gar nicht in Tannwalds Laden. Ich bin noch auf dem Hinweg. Im Auto.»

Wunderbar erstauntes Gucken.

Frank fragt: «Wie jetzt?»

«Ja, auf dem Beifahrersitz liegt die besagte Kladde mit den Namen und Geschichten der ganzen Familie Tannwald. Aufgeschlagen, sodass ich gucken kann. Im Becherhalter steckt ein Kaffee. In meinem Ohr steckt das Headset vom Telefon. Aber das dient bloß der Tarnung. Damit Leute an Ampeln neben mir nicht denken, ich würde die ganze Zeit mit mir selber sprechen. Was ich streng genommen ja auch nicht tue. Ich spreche auf den Fahrten zu meinen Kunden schon mal mit meinen Kunden. Ich übe den gesamten Ablauf. Oder mehrere Abläufe, je nachdem, was alles so passieren kann. Stellt euch vor, der Tannwald ist schlechter drauf, weil er den Idioten dahat, der den Kopierer repariert. Oder weil es eine Beerdigung gibt im Dorf, von einem alten Schützenkönig, sodass unser Termin sich um die Hälfte der Zeit verkürzt. Dann brauche ich ganz andere Ansätze, um meine klammerfreien Hefter loszuwerden. Also trainiere ich das. Fall für Fall.»

«Im Auto?», fragt Frank erneut.

Thomas nickt.

«Ich fahre doch extra langsam!»

Alle Menschen, die im Straßenverkehr auffällig werden, weil sie am Steuer eine Talkshow mit sich selbst oder anderen veranstalten, fahren «extra langsam». Das bedeutet allerdings lediglich, dass sie sich an das Tempolimit halten. Nicht schneller zu fahren als die erlaubte Geschwindigkeit, berechtigt sie aus ihrer Sicht nämlich schon dazu, am Steuer ihre Aufmerksamkeit zu teilen. Oder zu dritteln. Weil sie die Geduld und Güte haben, nicht zu rasen, werfen sie im Gegenzug Telefone, Diktiergeräte oder die eigene Phantasie an und plappern wie die Wasserfälle.

Wann die Ausrede legitim ist …

Nie. Denn, egal wie langsam man auch fährt – Multitasking beim Autofahren bleibt immer eine schlechte Idee. Eine Studie der Londoner Wissenschaftler David Strayer und Jason Watson zufolge, bei der sich die Probanden im Fahrsimulator während des Lenkens Wörter merken oder Matheaufgaben lösen sollten, führte bei 97 Prozent der Probanden zu gravierenden Fahrfehlern. Auf einmal mit drei Aufgaben gleichzeitig konfrontiert (Fahren, Merken, Rechnen), ging die Leistung in jedem einzelnen der drei Bereiche rapide bergab. Die verbliebenen drei Prozent der Probanden, die tatsächlich alle Aufgaben gleichzeitig gleich gut bewältigen konnten, nennt die Forschung «Supertaskers». Und sie hat dank einer weiteren Studie von David Strayer und David Sanbomnatsu auch eine Antwort darauf, woran man erkennen kann, ob man selbst solch ein Supertasker ist. Sie lautet: Sämtliche Probanden, die von sich selbst diese Überzeugung hatten, waren keine Supertasker. «Je höher die vermutete Leistung ist, desto niedriger ist die tatsächliche.» Da hilft es auch nicht, abgelenkt und sich selbst überschätzend, «extra langsam» zu fahren.

«Im Dienst fahre ich immer nach Vorschrift», sagt Thomas. «70 bei 70. 50 bei 50. 30 bei 30. Ich kann mich nicht auf meine Gespräche konzentrieren und gleichzeitig ausrechnen, wie viel Prozent ich über dem Tempolimit bin. Das führt allerdings dazu, dass die anderen im Verkehr mir keine Ruhe lassen. Sie drängeln. Hinter mir hupen sie. Sie überholen mich auf der Landstraße.»

«Das kann ich verstehen!», sagt Rainer. «Wenn Ortsfremde da so herumschleichen, wird man wahnsinnig. Als Einheimischer fährst du einfach nicht so langsam auf dein Dorf zu, als würdest du im Traum beim Rennen im Morast kleben. Aber wie kannst du so überhaupt pünktlich ankommen?»

Frank fragt: «Also, wenn einer 70 bei 70 fährt, ist das für dich wie im Morast kleben, Rainer?»

«Ja.»

«Interessant ...»

Frank macht einen Eintrag.

Thomas denkt über die Antwort auf Rainers Frage nach, wie er jemals pünktlich ankommt. Die Wahrheit lautet: Er fährt Stunden zu früh los, da zu Hause sowieso nichts auf ihn wartet. Seine eigenen vier Wände nutzt er nur zum Schlafen, Wäschewaschen und Einlagern seiner Sachen. Die meiste freie Zeit verbringt er seit dem Tod seines Vaters in der Wohnung seiner Mutter. Für sie gab es schon damals auf der Autobahn nur einen Typ Mensch, der noch schlimmer ist als Manager, Umweltzerstörer und Kriegsverbrecher: Söhne, die ihre Eltern im Stich lassen oder ins Heim abschieben.

«Pufferzeiten», sagt er lapidar und denkt daran, wie gut es sich anfühlt, dienstlich unterwegs zu sein. Ernst genommen zu werden.

Die weißen Hemden zu tragen und sie abends vom Hotelservice waschen und bügeln zu lassen. Seine Mutter ist kein Pflegefall. Sie könnte sich problemlos um sich selbst kümmern. Doch wenn Thomas länger als drei Tage am Stück nicht vorbeischaut, straft sie ihn mit ihrer eigenen Verwahrlosung.

Karin legt fragend den Kopf schief.

Frank fragt: «Thomas?»

«Äh, ja, sorry, also ...»

«Nein, nein, nicht noch mehr erzählen. Lass mich mal nachhaken. Du willst uns also sagen, der beste Weg, ein sicherer Verkehrsteilnehmer zu sein, besteht darin, beim Fahren nicht bloß leise über das eigene Leben nachzudenken, während man Kaffee trinkt, sondern laut die Rolle einer zweiten Person anzunehmen, der man später was verkaufen will, und die gesamte Szene in allen Versionen zu schauspielern?»

Dieser Frank hat's wirklich drauf, einen schlecht dastehen zu lassen.

Thomas sagt: «Lkw-Fahrer dürfen während der Fahrt doch auch ihr Funkgerät benutzen, oder nicht?»

Ralph nickt.

Thomas sagt: «So! Und es ist in Deutschland sogar erlaubt, am Steuer aufs Diktiergerät zu sprechen. Wer weiß, vielleicht quatschen Schriftsteller ganze Romane während der Fahrt vor sich hin! Und da darf ich keine erfundenen Gespräche führen?»

Plaudern am Steuer

Ein Urteil vom 26. Januar 2012 (Az.: 6 0Wi-5651 Js 26178/11) belegt beispielhaft, dass das Besprechen eines Diktiergeräts am Steuer und somit auch jede andere Form der Plauderei, die nicht mit einem Gesprächspartner am Telefon geschieht, während des Autofahrens erlaubt ist. Das Amtsgericht Rüdesheim am Rhein sprach einen Fahrer frei, dem nach einem Bußgeldbescheid nicht klar nachgewiesen werden konnte, dass er ein Handy benutzt hatte. Laut Aussage des Mannes sei das Gerät in seiner Hand ein Diktiergerät gewesen, auf das er Geschäftsbriefe aufgesprochen habe.

Für Polizeibeamte, die bei der Handy- und Gurtkontrolle keine Notizen oder Bildbeweise festhalten, oder für die Bußgeldstelle, die auf einem Blitzerfoto das Telefon visuell nicht eindeutig identifizieren kann, ist die Diktiergerät-Argumentation ein großes Problem. Für findige Verkehrsanwälte ist sie der sicherste Weg, ihren Mandanten vor einer Strafe zu bewahren. In den allermeisten Fällen wurde natürlich ein Telefon benutzt und nur behauptet, es wäre ein Diktiergerät gewesen. Der Präzedenzfall von Rüdesheim zeigt allerdings: Probt man wirklich Gespräche im Wagen und/oder zeichnet sie dabei mit einem echten Diktiergerät auf (nicht mit der Diktierfunktion des Smartphones!), ist das erlaubt.

«Thomas, hast du an diesem Tag Punkte eingefahren?», fragt Frank.

Thomas antwortet: «Ja. Aber nicht wegen meiner Verkäuferschauspielprobe.»

«Wieso dann?»

Thomas zögert. Bislang hat er seine Mutter den anderen gegenüber nicht laut erwähnt. Aber gut, Peinlichkeit hin oder her, jetzt hat er einmal damit angefangen, da kann er nicht einfach aufhören.

«Ich bin kurz vorm Ziel. Ein Dorf vor dem Örtchen vom Tannwald. Hab mir eben noch einen Kaffee geholt, für die letzte Viertelstunde. Einmal noch aufputschen. Rolle so dahin. Mache sogar extra das Radio aus und eine ruhige CD rein, damit ich keinen Sprechtext mehr höre, bevor ich gleich selber spreche. Da klingelt mein Handy. Edith. Meine Mutter.»

«Natürlich ...», sagt Rainer. «Frauen telefonieren für ihr Leben gerne, aber erfunden hätten sie das Handy auch in 1000 Jahren nicht.»

Jutta ruft aus: «Du Arsch!»

Karin sagt: «Das kann ja wohl nicht wahr sein! Das habe ich gerade nicht gehört.»

Frank sagt: «Ruhig.»

Ralph schüttelt den Kopf.

Milosz dreht seinen zur Seite, damit die Frauen nicht sehen, dass er grinst.

Frank sagt: «Wir beschimpfen uns nicht, und wir unterlassen solche Bemerkungen.»

Rainer hebt die Hände: «Nur die Wahrheit. Könnt ihr nachschlagen.»

Jutta sagt: «Ich schlage gleich ganz woanders nach!»

Frank sagt: «Wir beruhigen uns jetzt. Thomas, bitte erzähl weiter.»

Rainer und Jutta funkeln sich wortlos an, wie Boxer, die den Kampf nur aufgeschoben haben.

Thomas sagt: «Ich weiß, man geht während der Fahrt nicht ran, schon gar nicht, wenn man nach dem Kaffeestopp das Headset nicht wieder angelegt hat. Aber wenn meine Mutter dran ist ... wie soll ich das sagen? Es geht ihr nicht so gut. Und sie hat sonst niemanden mehr.»

Karin schaut Thomas bedauernd an.

Jutta legt ihm quer über den Tisch die Hand aufs Handgelenk. Nun sind sie Schicksalsgeschwister. Milosz schüttelt den Kopf mit dem verächtlichen Grinsen eines Alphatiers auf dem Schulhof und raunt: «Tja, wenn die Mama anruft ...»

Thomas ignoriert den Kommentar. Stattdessen schüttelt er innerlich sarkastisch den Kopf über seine Notlüge. Aus den Familien seiner Geschäftskunden kennt er Dutzende älterer Herrschaften, die alles dafür geben würden, noch so fit zu sein wie seine Mutter. Tattrige, sterbenskranke, unglaublich liebe Menschen. Aber Edith? Sagt nicht mal hallo, wenn sie ihren eigenen Sohn unterwegs anruft, sondern blafft ihm grundsätzlich sofort eine Aufgabe entgegen ...

«Einstreu, Thomas, ich brauche noch Einstreu für die Vögel.» Nur neun Wörter, aber bereits genug, um Thomas am Steuer die Zähne aufeinanderpressen zu lassen. Vor allem, als sie kurz darauf sagt: «Du bist doch die ganze Zeit in der Weltgeschichte unterwegs. Da kannst du doch wenigstens von irgendeinem Tiermarkt Einstreu mitbringen. Und Futter. Einmal Misch-, einmal Alleinfutter. Ach ja, und guck mal, ob sie diese Prestige Sticks zum Aufhängen haben.»

Thomas telefoniert mit der rechten Hand und lenkt mit dem Ballen der linken, die gleichzeitig den Kaffeebecher hält. Wäre sie frei, würde er damit jetzt aufs Lenkrad schlagen.

«Mutter! Mein Kalender ist brechend voll. Wenn ich alle Kunden schaffen will, komm ich nicht mal dazu, zehn Minuten an einem Stehtisch eine Currywurst zu essen.»

«Ja, das ist auch kein Wunder, wenn du bei jedem Eigentümer erst mal ewig über die Kinder und die Dorfgeschichten redest.»

Einmal war Thomas so naiv gewesen und hat seiner Mutter auf dem Balkon ihrer Wohnung von seinen Gesprächstaktiken erzählt. Es war Sommer, sie hatte selten gute Laune, und er war einfach nur enthusiastisch gewesen. Dachte er. Wahrscheinlich hatte er in Wirklichkeit die Hoffnung gehegt, mit seinem Bericht über Rhetorik und Psychologie doch noch irgendwie Eindruck bei ihr zu schinden.

«Thomas?», fragt Frank. «Geht's noch weiter?»

Thomas blickt auf und braucht ein paar Sekunden, um wieder in der Gegenwart anzukommen.

«Ja, was soll ich sagen? Sie bat mich, etwas einzukaufen. Einstreu. Ich sagte, ich hätte keine Zeit. Ein bisschen Zankerei, ihr kennt das, wenn ihr eine Mutter habt.»

Karin nickt.

Jutta sagt: «Oder einen Onkel.»

«Das bringt doch eh alles nichts» sagt seine Mutter. «Kannst du auch Prestige Sticks kaufen in der Zeit.»

Als wenn alle Techniken seines Berufs nur bloße Theorie wären. Als wenn er nicht schon jahrelange Erfahrung hätte! Am liebsten will er vor Empörung, sich für seine Arbeit rechtfertigen zu müssen, die Hände am Steuer hochwerfen, was mit Kaffee und Handy natürlich nicht geht. Seine Hände allerdings zucken, sodass er den Becher ein wenig zusammendrückt und der weiße Plastikdeckel sich löst. Er muss an den Zustand der Vogelkäfige denkt, die in Mutters Wohnung mittlerweile einen ganzen Raum einnehmen. An diesen unverwechselbaren Geruch.

«Hast du Paddington zum Tierarzt gebracht?», fragt er. Paddington ist ein Sittich.

«Was soll ich denn noch alles machen?»

«Du hast weder eine kaputte Hüfte noch Arthrose noch irgendwas sonst! Du wirst doch wohl deinen Sittich zum Arzt bringen können, Mutter! Ich arbeite!»

Wie oft hat er schon überlegt, die Tiere einfach einem Tierpark zu schenken oder in eine Vogelstation zu bringen, wenn sie mal nicht zu Hause ist? Doch das wäre so gemein, das würde ihn wirklich zu einem derjenigen machen, deren Weste und Seele tiefschwarz ist. Mal abgesehen davon, dass er dazu niemals eine Chance bekommen wird, denn seit sein Vater verstorben ist, ist seine Mutter immer in der Wohnung und verlässt sie nur noch, wenn er, Thomas, dabei ist.

Thomas schaut wieder in die Runde: «Ja, Leute … Ich rege mich jedenfalls ein wenig auf bei dem Gespräch und drücke dabei den Becher in der linken Hand ein wenig zusammen. Der Deckel geht ab, heißer Kaffee schwappt mir auf die Hand und auf meinen Oberschenkel. Ich zische vor Schmerz. Versuche abzutrinken. Lenke nur noch mit den Beinen unten am Steuer. Bin froh, dass vor mir eine Ampel kommt, und hoffe, dass sie gleich auf Rot springt, damit ich mich endlich sortieren kann. Aber was ist? Die Scheißampel wird einfach nicht rot! Wenn man's mal gebrauchen kann, wird sie nicht rot! Der nächste Schluck Kaffee suppt in meinen Schritt. Ich zische. Ein Verkaufsgespräch mit nasser Hose habe ich nicht geprobt. Die Ampel bleibt grün. Ich gehe runter auf 25. Hinter mir hupen sie. Da drücke ich wieder aufs Gas und beschleunige. Als ich über die Kreuzung knalle, ist die Ampel gerade noch gelb. Nützt aber nichts. Für einen Moment bin ich ganz allein mitten auf der Kreuzung, in der einen Hand das Telefon, in der anderen den Becher mit dem umherspritzenden Kaffee, mich streitend und mit den Beinen lenkend. So haben sie mich gesehen, die Beamten, die kurz darauf mit Blaulicht in meinem Rückspiegel erscheinen.»

Phänomen der Autofahrerseele: die Sprachbox

Der Mensch ist ein kommunikatives Wesen. Vor allem hinterm Steuer. Dort, wo er sich eigentlich auf die Außenwelt konzentrieren müsste, nimmt er sich Zeit für ausschweifende Gespräche. Vertreter, Anwälte oder auch Studierende üben hinterm Lenkrad für Geschäftstermine, Gerichtsverhandlungen oder die mündliche Prüfung. Schwiegertöchter bereiten sich lautstark auf jede Variante des zu erwartenden Konflikts mit der Schwiegermutter vor.

Wer sich noch besser ablenken will, streitet sich tatsächlich: am Telefon, ohne Headset und ohne freie Hand. Wie vertan wäre schließlich die Zeit, würde man während des Fahrens freundlichen und liebevollen Smalltalk betreiben? Oder gar anhalten und Pause machen für ein Gespräch? Stattdessen entscheidet sich der Autofahrer gegen seinen Instinkt, der die kommende Katastrophe bereits ahnt – er geht ran, wenn es klingelt, und wirft den guten Vorsatz, wenigstens bei diesem einen Gespräch ruhig zu bleiben, schon nach zwei Sätzen über Bord. Das Fahrzeug ist für ihn keine ein bis zwei Tonnen schwere Maschine, die er durch die Landschaft lenkt, sondern eine rollende Sprachbox für die komplizierten Angelegenheiten des Lebens.

Das Cockpit

Als Thomas fertig ist, schweigt die Runde. Jutta nimmt sich noch einen Keks. Rainer räuspert sich. Milosz scharrt mit seinen Turnschuhen auf dem Boden. Frank macht sich Notizen. Thomas hat zwar nicht viel verraten, aber man hat ihm ansehen können, dass es mit seiner Mutter einige Probleme gibt. Davon hat er in den Vorgesprächen nichts erwähnt. Bereits jetzt gerät Franks Glauben, dass es sich bei Thomas eindeutig um den Fahrtyp *Der Imponierer* handelt, ins Wanken. Legt er die Szene von eben mit in die Waagschale, kommt auch bei Thomas eine ganz gehörige Portion des *Aufgewühlten* hinzu.

Es ist so ruhig im Raum, man könnte den Fadenzug hören, würde eine Spinne sich in diesem Augenblick von der Decke abseilen. Als spürten alle, dass Thomas es schwerer hat, als er zugeben möchte. Was auch erklärt, wieso er trotz seines Vertreterjobs weder fehlende Hemdknöpfe noch wuchernde Nasenhaare be... – Mist, hingeguckt.

Thomas fasst sich stirnrunzelnd an die Nase, als Ralph laut und mit dem Blick eines Lausbuben aus alten schwedischen Kinderfilmen sagt: «Und sonst?»

Karin muss kichern.

Jutta spuckt Kekskrümel.

Frank ist dankbar, dass der gutmütige Brummifahrer das betretene Schweigen beendet hat, klappt sein Notizbuch zu, steht auf und deutet mit der geschlossenen Kladde auf Thomas.

«Das ist genau unser Thema. Was macht ihr eigentlich, wenn ihr Auto fahrt? Hm? Kaffee trinken? Essen? Telefonieren? Verkaufsgespräche üben?»

Die Anwesenden schauen schuldbewusst auf Tischkanten und Keksschüsselränder.

«Stellt euch vor, ihr fliegt in den Urlaub», sagt Frank. «Spanien. Türkei. Marokko. Vielleicht sogar New York. Ihr checkt ein, sucht euch euren Platz, verstaut Jacke und Handgepäck, steckt euren Roman oder den Reiseführer ins Zeitschriftennetz. Euch geht ein wenig die Flatter, auch wenn ihr schon öfter geflogen seid. Die Stewardessen lächeln beruhigend. Die Maschine rollt an und startet. Alles rappelt, die Beschleunigung presst euch in die Sitze, und ja, vielleicht denkt ihr an Abstürze und Terroristen, auch wenn ihr euch fest vorgenommen habt, es nicht zu tun. Auf Flughöhe angekommen, seid ihr erleichtert. Gleich gibt's Saft und Wein. Ihr dürft die Gurte öffnen. In den Lautsprechern knackt es. Der Kapitän begrüßt euch mit den Worten: «Herzlich willkommen an Bord unseres Lufthansa-Fluges nach Antalya. Ich bin Ihr Kapitän, und ich werde in den kommenden Stunden während des Fluges ausgiebige Selbstgespräche führen. Ich werde Kaffee aus Bechern trinken, die platzen, sodass mir die kochend heiße Brühe in den Schritt läuft, und mich dank modernster Satellitentechnik am Telefon rund 20 Minuten lang heftig mit meiner Frau streiten, bis ich dermaßen den Papp aufhabe, dass ich am liebsten den Steuerknüppel aus der Verankerung reißen würde.»

Milosz hört auf, mit den Gummisohlen auf dem Boden zu quietschen, zieht die Beine an und lässt zwischen seinen Schneidezähnen ein leises, aber scharfes Zischen ertönen.

Frank fragt: «Milosz, was ist?»

«Ist nix.»

Frank ärgert sich, lässt es sich aber nicht anmerken. Stattdessen sagt er freundlich: «Du hast dich bislang noch gar nicht beteiligt. Wenn du eine Meinung zu der Sache hast, äußere sie bitte. Dafür sind wir hier.»

Der dunkelhaarige Mann mit den spitzen Wangenknochen und

den leicht eingefallenen Augen winkt ab. Er zischt lediglich erneut. Stattdessen beugt sich neben ihm Ralph vor und sagt zischfrei und mit der sonoren, warmen Stimme eines Hörspielkassettensprechers: «Ich glaube, was mein Berufsgenosse sagen will, ist: Du kannst dich im Cockpit nicht bloß aufs Fahren und sonst auf gar nichts konzentrieren.»

Frank lässt die Kladde sinken: «Nein?»

«Nein.»

Milosz nickt, mit verschränkten Armen.

Frank sagt: «Der Lufthansa-Kapitän hat einen Autopiloten und eine Mannschaft zur Verfügung. Habt ihr im Lkw eine Mannschaft?»

«Nein, aber wir haben den Tempomaten.»

«Aha ...»

«Und ebendrum ist das Fahren allein zu wenig.»

Frank setzt sich wieder hin und klappt seine Kladde auf. «Okay, dann teilt euch bitte die Arbeit, Ralph. Dein Kollege hier nickt einfach, und du erzählst uns derweil, warum ...»

Ralph kaut einen Augenblick auf seiner Zunge herum und zeigt schließlich auf Jutta und Thomas: «Na gut. Aber ich warn euch, ich bin nicht so 'n toller Erzähler wie die beiden.»

Ralphs Fahrgeschichte:
Lückenlose Langeweile

*Nichteinhalten des erforderlichen Mindestabstands
von 50 Metern bei einer Geschwindigkeit von mehr als
50 km/h auf einer Bundesautobahn mit einem Lkw
(über 3,5 Tonnen zulässiges Gesamtgewicht). 3 Punkte,
80 Euro. (Heute: 1 Punkt, 80 Euro.)*

Ralph hustet. Sein linkes Auge zuckt. Sein rechtes ruht immer noch auf Jutta und Thomas. Er ist ein wenig nervös. Eine Lehrerin. Ein Vertreter. Die haben gelernt, vor Leuten zu sprechen. Ralph hat nur früher viel gesprochen, aber nicht *vor* Leuten, sondern *mit* ihnen. Heute, auf dem Bock, geht es die meiste Zeit ziemlich einsam zu. Wie soll er anfangen?

«Also, ich muss erst mal sagen: Ich mag meinen Beruf auch und versuche, ihn so gut zu machen, wie es geht. Wie die beiden da. Aber ich hab ihn mir nicht ausgesucht.»

«Nicht?», fragt Karin erstaunt.

Ralph schüttelt den Kopf und denkt sich: Wahrscheinlich hat die Kleine irgendwann Filme wie *Convoy* gesehen, nachts, in der Wiederholung. Oder *Over The Top*. Oder vielleicht sogar die Serie *Auf Achse* mit Manfred Krug. Diesen ganzen romantischen Mist vom Kraftfahrer als Cowboy der Jetztzeit. Er lehnt sich zurück, verschränkt die Arme und legt den Kopf kurz in den Nacken, als könnte er seine Geschichte aus den weißen Styroporplatten der abgehängten Raumdecke saugen.

«Ich hab Schuster gelernt. In den Siebzigern die alte Werkstatt von meinem Vater übernommen. Wir leben auch so ähnlich wie hier, in einem kleinen Dorf. War 'ne tolle Zeit. Absätze, Sohlen ... allein der Ledergeruch. Das Geräusch der Poliermaschine. Oder wenn Leute kommen und erst mal 'ne halbe Stunde quatschen, bevor sie ihre

20 Jahre alten Oxford-Schuhe auspacken. Der Laden war bei uns selbst im Haus. Tagsüber machte ich die Schuhe und abends saßen die Beate und ich auf der Terrasse. Wir hatten oft Gäste da. Wir haben gegrillt und geredet ...»

An früher zu denken, fühlt sich gut an. Warm. Ralph kostet den Moment aus, obwohl sich das «Aber» anbahnt wie zwei Lkw-Scheinwerfer am Ende einer langen Landstraße.

«Ende der Achtziger ging das schon los, dass es mit der Kundschaft weniger wurde. Die Älteren starben weg, und die Jüngeren kauften sich die Schuhe neu, wenn sie kaputtgingen. Ich hab dann die Werkstatt noch bis 1993 irgendwie am Tropf gehalten, solange mein Papa lebte. Der sollte das nicht mitkriegen, wie sie Pleite macht. Er stirbt. Beate und ich schließen sofort, denn wir haben schon Schulden und draufgezahlt. Ich hab noch einen Lkw-Führerschein von meiner Zeit beim Bund und einen letzten alten Stammkunden, der einen Spediteur kennt. Tja, und seitdem bin ich abends allein auf dem Rasthof statt mit Beate auf der Terrasse vor dem Werkstattfenster.»

«Tut mir leid», sagt Karin.

«Nein, nein, das ist schon okay. Ich bin dankbar. Jeden Tag denke ich an alle, die keinen Job haben. Und ich fahr gerne.»

«Aber ...?», fragt Frank und wartet mit dem Stift über dem Papier seiner dicken Kladde. Ralph ärgert sich beinahe ein bisschen, dass er das Offensichtliche erklären muss, als wenn es etwas Böses wäre. Er sagt: «Aber wenn du neun bis 11 Stunden am Tag auf der Straße bist, da hat mein Kollege hier recht, dann kannst du nicht *nur* fahren.»

Frank fragt: «Was machst du am Steuer? Selbstgespräche führen wie Thomas? Dich mit deiner Beate streiten?»

Die Bemerkung versetzt Ralph einen Stich. Gut, der Fahrlehrer kann es nicht wissen, aber trotzdem würde er ihm jetzt gerne einen Keks ins Gesicht werfen. Empört erwidert er: «Mein Schnäuzelchen ... Beate und ich haben uns in 24 Jahren Ehe nicht ein einziges Mal gestritten! Zumindest nicht doll. Und schon gar nicht am Telefon während der Fahrt!»

Ralph könnte sich in den Arsch treten, weil er den Kosenamen seiner Beate genannt hat, sieht aber, dass jeder in der Runde ihm gerade glaubt. Sogar dieser Rainer, dem trotz der Schnäuzelchen-Vorlage kein blöder Kommentar über die Lippen kommt. Das wiederum gibt Ralph ein komisches, gutes Gefühl. Als stünde er wieder in den Siebzigern auf dem Schulhof und würde von den Rowdys respektiert statt gepiesackt. Erleichtert kommt er zur Sache: «Ich brauche das allerdings auch, dass im Cockpit immer einer zu mir spricht. Aber nicht aus dem Radio. Ich leg gern Hörbücher ein. Vor allem Krimis. Die Autoren aus dem Norden mag ich am liebsten. Den Nesser, Jo Nesbø, den Jussi Adler-Olsen, solche Sachen. Das zieht mich voll rein. Ich weiß, das klingt komisch, aber da kriege ich gute Laune bei, weil es so finster ist. Mit so viel Stimmung. Ich für meinen Teil messe übrigens damit meine Strecken ab. Ich sag nicht: Bis zur Abholstelle für die Ladung habe ich noch 468 Kilometer. Ich sage: Das dauert noch fünf Krimi-CDs. Die Kollegen, die lieber Musik hören, messen das in Platten. Einer aus Bottrop, der Juri, der hört grundsätzlich nur den Boss. Rauf und runter.»

«Den Boss? Diesen Gangster-Rapper?», fragt Thomas.

«Was? Wen? Nein. Den Boss halt. Bruce Springsteen!»

«Ach so ...»

«So eine Platte vom Boss dauert im Schnitt 50 Minuten. Das sind dann etwas andere Streckeneinheiten als bei meinen Hörbuch-CDs. Die sind immer vollgepackt, so 75 Minuten pro Disk. Wenn ich also den Juri treffe und sage, ich muss noch drei Krimi-CDs lang fahren, dann wären das bei ihm knapp vier Platten vom Boss.»

Der Einfluss der Musik beim Autofahren

Bekanntermaßen ist das Musikhören im Fahrzeug in einer Lautstärke, die das Wahrnehmen wichtiger Außensignale wie des Martinshorns oder der Polizeisirene noch ermöglicht, nicht verboten – zumal jedes Auto über ein Autoradio verfügt (das erste wurde übrigens 1931 präsentiert). Trotzdem macht die verkehrspsychologische Forschung auf das Gefahrenpotenzial der «kognitiven Ablenkung» oder, einfacher ausgedrückt, der «Fremdbeanspruchung der Gehirnleistung» aufmerksam. Den Teil der Aufmerksamkeit, den eine bestimmte Musik oder auch die spannende Handlung eines Hörbuchs bindet, *kann* nun mal nicht mehr dem Verkehr zur Verfügung stehen.

Darüber hinaus gibt es aus der Musikforschung ganz sachliche Gründe, wieso mancher Sound zum Autofahren besser geeignet ist als ein anderer. In ihrem Ratgeber *Das MusikHörBuch – Vom passiven zum aktiven Musikgenuss* schreiben die Komponisten und Arrangeure Ernst und Hans P. Ströer dazu: «Wenn Sie mit dem Auto unterwegs sind, verbindet sich das Motorengeräusch im Innenraum mit den Windgeräuschen und dem Verkehrslärm, der von außen hereindringt, zu einem relativ homogenen Klangteppich im unteren Frequenzbereich. Daher sollten Sie vor allem auf das Frequenzspektrum Ihrer Musik achten. Musik, die sich hauptsächlich im Bassbereich abspielt, geht Ihnen beim Autofahren fast völlig verloren – es sei denn, Sie hören infernalisch laut. […] Bei Musik mit einem sehr breiten Frequenzspektrum verlieren Sie leicht das Fundament – es sei denn, die Bässe sind wie bei populärer Musik klar definiert.» Das bedeutet, dass weder feinsinnige Klassik noch brummender Bombast im Auto sinnvoll sind. Der erdige, klanglich ausgewogene Rock vom «Boss» allerdings begleitet die Fahrt tatsächlich sehr gut. Es sei denn, die Lieder wühlen zu viele Emotionen auf.

Ralph befreit eine der kleinen Colaflaschen von ihrem Kronkorken und legt den Öffner wieder auf den Tisch.

«Ich kann das nicht so mit der Musik. Weil ... also, wenn ich schon auf dem Bock Musik höre, dann muss sie mir auch gefallen. Hör ich aber solche Lieder, die ich wirklich gerne habe, dann denke ich an unsere Abende auf der Terrasse mit meiner Beate, den Nachbarn und ... Ja, ich vermisse das.»

Milosz zischt wieder, aber anders als gerade eben. Gerade eben, bei Franks Vortrag zum reinen Fahren ohne Ablenkung, war es ein *Du-hast-doch-keine-Ahnung-von-der-Praxis!*-Zischen. Jetzt fühlt es sich für Ralph an, als wäre es ein *Denkt-bloß-nicht-wir-Brummifahrer-wären-alle-so-sentimental-wie-Ralph!*-Zischen. Die Rowdys auf dem Schulhof entscheiden sich doch wieder um.

Frank sagt: «Milosz und du, ihr habt eben beide gesagt, man könne nicht einfach nur so fahren und sonst nichts.»

Ralph seufzt. Langsam will er nicht mehr mit der Jogginghose in einen Topf geworfen werden. Nicht, wenn der Mann verächtlich zischt, bloß weil Ralph hier ehrlich über seine Gefühle am Lenkrad spricht. Egal, die müssen hier verstehen, was er sagen will, diese Zivilisten in ihren Blechbüchsen, die von einem Städtchen zum anderen fahren.

«Es geht einfach darum ... Stellt euch vor, ihr müsst die ganze A1 hinter euch bringen. Einmal quer durch Deutschland, von Nord nach Süd, von Puttgarden bis Saarbrücken. Immer geradeaus. Kilometer für Kilometer. Da wirst du kribbelig. Da hast du schnell das Gefühl, du müsstest eigentlich jetzt irgendetwas *tun*.»

Frank setzt kurz den Stift ab, er hat schon wieder mitgeschrieben, und hebt die Hand: «Aber du *tust* doch etwas, Ralph. Du fährst einen zehn, 20 Tonnen schweren Lastzug durch die Gegend.»

Ralph öffnet sein rechtes Auge, so weit es geht. Sein linkes flattert derweil, als bekäme es Windzug. Dieses nervöse Zittern hat er seit

Jahren, und er kann nichts dagegen tun. Andere Kollegen kauen an den Fingernägeln oder knirschen unwillkürlich mit den Zähnen. Bei einem knackt das Kiefergelenk, als würde er sich täglich mehrfach die Knochen brechen.

«Wie soll ich euch das bloß erklären?», fragt er. «Es ist zu wenig zu tun auf dem Bock, vor allem wenn man sich wie ich bemüht, sich an die Regeln zu halten und wirklich alles richtig zu machen. Das möchte ich hier mal betonen. Ich habe noch niemals ein einziges Knöllchen, geschweige denn einen Punkt wegen Temposünden eingefahren. Ja? Das bedeutet aber auch: Ich tue auf der Straße noch weniger als die anderen. Ich fahre rechts, wo ich mit meinem Koloss hingehöre. Also: A1, Hunderte von Kilometern, immer geradeaus, auf einer Spur. Und was passiert? Nichts. Du überholst nicht. Du fährst nirgendwo ab. Du kennst die Strecke wie deine Westentasche. Du weißt, in welchem Schild über der Bahn seit sieben Jahren eine Delle ist und welche Sehenswürdigkeit wann auf den grünen Tafeln angekündigt wird. Du rollst einfach nur dahin.»

Milosz nickt. Die Ballonseide raschelt. Wenigstens das versteht der Kollege, denkt Ralph, Zischen hin oder her. Rainer faltet ein Eselsohr in die Titelseite seiner Teilnehmermappe.

Ralph sagt: «Dann fängst du an, irgendwas zu machen. Du setzt einen frischen Kaffee an in der kleinen Maschine, die an den Bordstrom angeschlossen ist. Filtertüte rein, Pulver, Wasser. Alles liegt bereit. Alles hat seinen Platz. Und wenn's mal nicht seinen Platz hat, freust du dich, denn dann hast du was zu tun – du kannst aufräumen. Du schiebst den nächsten Krimi rein, *Das vierte Opfer*, dieses Mal als Hörspiel, nur eine CD, aber dafür richtig mit Geräuschen dabei. Wind, Rascheln, Schritte auf dem Kies. Das ist meine Lieblings-CD, die hör ich jeden Monat mindestens einmal. Warte, die ersten Sätze kann ich auswendig.»

Ralph räuspert sich und senkt seine Stimme: «‹Van Veeteren?› – ‹Ja,

Kommissar Borkmann?› – ‹Hören Sie mir zu, Veeteren. Was ich Ihnen jetzt sage, sollten Sie sich für alle Zeit gut merken ...»

Rainer fragt: «Wie heißt der Mann? Van Veeteren?»

Ralph antwortet: «Ja. So heißen die in diesen Krimis.»

Karin sagt: «Ich finde, wenn jemand Van Veeteren heißt, kann schon nichts mehr schiefgehen.»

Frank sagt: «Weiter, Ralph. Du hörst also den Kommissaren zu ...»

«Und das Hörspiel geht vorbei wie im Flug. Ich bin aber immer noch lange nicht da. Also rufe ich mein ... ruf ich Beate an. Die erzählt mir, was zu Hause so los ist, wie es dem Hund geht, was der Nachbar treibt. Das ist total schön, das ist unser Leben, nur eben am Telefon. Aber dann werd ich auch wieder wehmütig und denk daran, wie's früher war und dass ich jetzt auf der Terrasse sitzen könnte mit ihr und ein paar Leuten, wenn die Leute ihre blöden Schuhe heutzutage nicht sofort wegwerfen würden. Nach dem Telefonieren guck ich in die Landschaft und frag mich bei jedem grünen Hügel, wann Beate und ich mal wieder Zeit finden werden, in den Urlaub zu fahren und wandern zu gehen. Wir sind früher immer in Deutschland im Urlaub gewesen, das kostet nicht viel, und wir haben hier ein Märchenland. Mit dem Job jetzt ist das letzte Mal drei Wochen Urlaub am Stück schon – lasst mich lügen – sieben Jahre her.»

Alle im Raum schweigen betreten.

Rainer sagt: «Einfach machen. Arschlecken. Sogar die Kanzlerin hat einmal im Jahr Urlaub. Obwohl sie auch während der Arbeitszeit im Grunde nichts unternimmt.»

Karin ruft: «Das ist ... was soll denn das jetzt?»

Jutta sagt: «Jeder unterschätzt diese Frau. Die regiert bereits die Welt, und keiner merkt es.»

Rainer stößt Luft aus: «Sie macht was?!»

Frank hebt beide Hände: «Schluss damit! Ralph, erzähle bitte deine Geschichte zu Ende.»

Ralph überlegt kurz, ob er jetzt die Verkehrspolitik der Regierung kommentieren müsste, sieht aber davon ab und sagt: «Mit der Sehnsucht und der Langeweile, das geht den meisten Kollegen so. Was denkt ihr, wieso so viele von denen ständig überholen? Sogar am Berg? Mit bloß drei Stundenkilometern mehr als der Nebenmann? Um Meter gutzumachen? Um Zeit zu gewinnen? Pah. Wir haben doch sowieso unsere Lenk- und Ruhezeiten. Und den, den du gerade überholst, hast du nach deiner Pause ein paar Stunden später wieder vor dir.»

FRANKS FAKTENCHECK

Lenkzeiten und Ruhezeiten

Von den 24 Stunden, die ein Tag zum Ärger der Speditionszentrale nun einmal lediglich hat, muss ein Berufskraftfahrer laut Gesetz volle 11 Stunden ruhen. Das bedeutet: Das Fahrzeug muss stehen und der Fahrer für eine angemessene Regeneration seines Körpers sorgen. Zweimal in der Woche darf er diese Ruhezeit auf neun von 24 Stunden verkürzen. Die Lenkzeit wiederum – also das aktive Fahren – muss nach 4,5 Stunden für mindestens 45 Minuten unterbrochen werden. Diese kleine Pause darf der Fahrer allerdings auch aufteilen, sodass er – statt 4,5 Stunden durchzufahren und dann 45 Minuten Pause zu machen – auch die 4,5 Stunden und auch die Pausenzeit in kleinere Blöcke unterteilen kann. Das bewusste Täuschen und Weglassen der Pausen dadurch, die eigene Karte beim Fahren einfach nicht ins Kontrollgerät zu schieben, ist heutzutage kaum noch möglich, da die Polizei mittels eines Lesegeräts namens Download Key das gesamte Kontrollgerät des Trucks auslesen kann, das nur sehr schwer zu hacken und zu manipulieren ist.

«Diese ganzen Manöver», erklärt Ralph, «haben nichts damit zu tun, dass man ernsthaft Zeit rausholen könnte. Sie sind Mittel gegen die Langeweile. Damit was passiert! Aber bei mir kommt da noch was anderes dazu ...»

Er zögert. Sein linkes Auge zittert so stark, dass er es bis in die Wange spürt. Es fühlt sich an, als würde es sich dagegen wehren, dass er sich diesen fremden Menschen gegenüber weiter öffnet. Als packte es schon mal seine Koffer, um den Raum zu verlassen. Trotzig zerrt es an der Lidhaut herum.

«Was denn?», fragt Frank. «Sag es ruhig, Ralph. Dafür sind wir hier. Wie es auf Seite sechs eurer Mappe steht: Erkenne dich selbst.»

Rainer rollt mit den Augen und murmelt: «Boah, sind wir hier bei den Scheißhippies, oder was?»

«Bitte?», fragt Frank.

«Nichts.»

Ralph sagt: «Vielleicht liegt es ja daran, was ich vorher gemacht habe. An dem Leben mit der Schusterwerkstatt vorne bei mir im Haus. Aber ... es fühlt sich so an, als ob ...»

Ralph lacht verlegen. Sein Auge wirft schon mal erste Gepäckstücke aus seiner Höhle.

«Es gibt keine falschen Empfindungen», sagt Frank. «Und niemand wird hier verurteilt.»

Ralph glaubt es kaum, aber trotzdem hat Franks fürsorglicher Tonfall Wirkung bei ihm.

«Okay», sagt er. «Also: Es fühlt sich so an, als wäre meine ganze Arbeit auf der Straße nur *der Weg zur Arbeit*. Versteht ihr? Ich kann diese Fahrten ja nicht mal wie Thomas hier nutzen, um meine Gespräche beim Geschäftstermin zu üben. Das Beladen und das Entladen an Start und Ziel – *das* fühlt sich wie Arbeit an. So blöd es klingt: Selbst das Duschen und Zähneputzen und das beschissene Suchen nach einem freien Stellplatz fühlen sich mehr nach Arbeit an als das Fahren selbst. Obwohl das natürlich anstrengend ist. Aber das merkst du im Grunde erst, wenn du irgendwann Rast machst.»

Milosz begutachtet seinen deutschen Kollegen, als wollte er sagen: Was hast du für ein Problem? Mir ist das alles mehr als Arbeit genug! Er zischt wieder.

Ohne Vorwarnung hebt Ralph seine Stimme um 100 Dezibel und bellt: «Kollege?! Wo ist dein Problem?!»

Karin zuckt zusammen. Jutta reißt erstaunt die Augen auf. Rainer grinst, zutiefst befriedigt. Ralphs linkes Auge zuckt nicht mehr. Erfreut schaut es zu seinem eigenen Wirt und denkt sich: Endlich regst du dich auf und simulierst nicht mehr die ganze Zeit gute Laune.

Milosz äußert ein Schimpfwort, vermutlich auf Kroatisch.

Ralph faucht: «Ja, du mich auch!»

Frank steht auf: «Männer! Wir wollen hier bitte friedlich sein.»

Ralph beruhigt sich wieder. Nicht, weil er plötzlich weniger sauer wäre, sondern weil die erschrockenen Blicke der Zivilisten sich so anfühlen, als würden sie seinen Kollegen im Jogginganzug und ihn trotz aller Hengstbissigkeit eben doch als Teile ein und derselben Welt sehen.

«Wo kommen deine Punkte her?», fragt Frank.

Ralph hebt die Hände und biegt seine aufgefächerten Finger in Richtung Brust: «Ja, von mir nicht!»

«Wie, von dir nicht?»

«Da kann ich so korrekt zu fahren versuchen, wie ich will – die anderen lassen mich nicht!»

Alle Menschen, die im Straßenverkehr auffällig werden, haben das Gefühl, dass ihnen selbst dann, wenn sie sich an die Regeln zu halten versuchen, von den restlichen Verkehrsteilnehmern Knüppel zwischen die Beine geworfen werden. Im Volksmund lautet der entsprechende Spruch zu diesem Phänomen: «Es kann der Frömmste nicht in Frieden leben, wenn's dem bösen Nachbarn nicht gefällt.» Auch beim Fußball gibt es eine Entsprechung. Der legendäre Otto Rehhagel sagte: «Wir spielen am besten, wenn der Gegner nicht da ist.»

Wann die Ausrede legitim ist ...

Mal abgesehen davon, dass sich alle Teilnehmer am Straßenverkehr an die Straßenverkehrsordnung zu halten haben, ließe sich diese Ausrede mit den Erkenntnissen aus der Spieltheorie begründen. Das berühmteste Beispiel dieser Theorie ist das sogenannte Gefangenendilemma: Zwei Täter, die gemeinsam ein schweres Verbrechen begangen haben, befinden sich in getrennten Verhören. Keiner weiß, was der andere der Polizei gerade sagt. Da es für die Tat keine Zeugen gibt, kann nur das Geständnis wenigstens eines der beiden Täter zur Verurteilung beider führen. Demjenigen, der gesteht, wird Freiheit versprochen, während der andere für zehn Jahre ins Gefängnis wandert. Gestehen beide, bekommen sie jeweils acht Jahre. Gesteht keiner, kommen beide mit nur einem Jahr wegen illegalen Waffenbesitzes davon. Somit haben zwar beide einen starken Anreiz, zu gestehen, auch wenn das unterm Strich vorteilhafteste Ergebnis für beide wäre, die Tat zu leugnen. Übertragen auf den Verkehr bedeutet das: Das bestmögliche Ergebnis für die Sicherheit aller Beteiligten ist nur drin, wenn jeder von sich aus «defensiv» fährt. Dem Gefangendilemma gemäß absichtlich «offensiv» zu fahren und das für Selbstschutz nach dem Motto «Angriff ist die beste Verteidigung» zu halten, bedeutet im Straßenverkehr schließlich für den «Mitgefangenen» nicht «bloß» zehn Jahre Knast, sondern im schlimmsten Fall das Todesurteil.

«Ich halte immer den gesetzlich vorgeschriebenen Abstand zum Vordermann ein», sagt Ralph. «Weil mir klar ist, welche Kräfte in meinem Laster herrschen. Dass ich nicht einfach mal eben so in einer Sekunde um 20 Stundenkilometer runterbremsen kann wie ein Renault Clio. Deswegen lichthupen wir auch immer, wenn einer von euch Autofahrern vor uns auf die Bahn auffährt und dann erst mal ängstlich auf 60 runterbremst, weil 100 Meter vor ihm der nächste Lkw rollt. Aber okay, ihr wisst das eben nicht besser. Aber meine Kollegen, die müssten es wissen! 50 Meter Abstand in der Kolonne auf der rechten Spur sind das Minimum. Das hat der Gesetzgeber sich tatsächlich nicht aus Schikane ausgedacht. Da fahre ich also auf der A1 und halte den Abstand, im Grunde schon seit dem Anfang der CD. *Das vierte Opfer* geht gerade zu Ende, da kommt von links ein Kollege und schert mit seinem Auflieger genau in die Lücke zwischen mir und meinem Vordermann ein. Eben waren da noch 50 Meter, jetzt kann ich die Staubkörner auf seiner Hinterplane erkennen! Hinter mir fährt schon der nächste, also kann ich nicht einfach von jetzt auf gleich abbremsen, um den Abstand zu verringern. So. Und was passiert? Genau in dem Moment fahren links neben mir die Bullen. Schön das Display an: *Bitte folgen* ... So sieht's nämlich aus. Ein ganzes Hörbuch lang korrekt gefahren – und dann bin *ich* dran, weil *ich* in dem Moment, wo die Herrschaften in Grün da langfahren, den Abstand zum Vordermann nicht einhalte.»

Jutta schüttelt den Kopf über die deutschen Beamten.

Milosz nickt wieder, dieses Mal zustimmend und grimmig.

Rainer murmelt: «Ja, das können sie ...»

Frank schabt mit dem rechten Zeigefinger über seine Augenbraue und fasst sich kurz mit der linken Hand an die Nase, als wollte er dort möglichst beiläufig eine Karnevalsdekoration abziehen. Dann fixiert er Ralph mit schmalen Augen und sagt ganz ruhig: «Das glaube ich dir nicht.»

Alle schauen den Fahrlehrer an.

«Wie?», sagt Karin verwirrt, als hätte sie sich zwar auch gerade über Ralphs kleinen Wutanfall erschrocken, als würde das aber nichts daran ändern, ihn für vertrauenswürdig zu halten. Eher im Gegenteil.

Frank sagt: «Die Beamten sind dazu verpflichtet, zu prüfen, ob der zu kurze Abstand gerade erst entstanden ist oder ob er schon eine ganze Weile anhält. Sogar, wenn sie von den Brücken aus messen, gilt ein Abstandsvergehen nur, wenn sich die Distanz zwischen den Fahrzeugen über viele hundert Meter nicht ändert. Das ist auch wichtig für den Verkehrsrichter später, sollte es zur Anzeige und zum Verfahren kommen.»

Ralph zieht seine Nase hoch, obwohl sie leer ist. Es klingt wie ein altes Moped, das nicht richtig zündet. So läuft das hier also, denkt er. Keine Solidarität mit denen, die jeden Tag fahren müssen. Aber mit denen, die genauso gut den Zug nehmen könnten! Er weiß, dass seine halbherzige Verteidigung bei Frank nicht durchkommen wird, sagt aber trotzdem: «Wie gesagt, ich hatte jemanden hinter mir.»

«Man hat immer jemanden hinter sich», sagt Frank. «Niemand verlangt, dass du in die Eisen gehst. Aber wenn du organisch langsamer wirst, hast du den richtigen Abstand schnell wiederhergestellt. Und gefährdest deinen Hintermann nicht.»

Ralph knurrt.

Karin schaut ihn an, als würde sich der Zucker daheim beim Kekse-backen langsam, aber sicher als Salz entpuppen.

Frank sagt: «Du hast den Abstand eine ganze Weile nicht wieder-hergestellt, oder?»

Ralph schweigt, presst die Lippen zusammen und schaut gegen die Wand. Wie ein Schüler, der wieder beim Rauchen erwischt wurde. Ja, genau so fühlt er sich gerade. Erwischt.

«Wieso hast du den Abstand nicht wieder vergrößert?», fragt Frank.

Ralph seufzt.

Rainer zischt: «Die Inquisition ...»

Frank macht einen Eintrag und wiederholt seine Frage: «Wieso nicht?»

Ralphs Ohren sausen. Er weiß, dass er es jetzt ausspucken muss, also spuckt er tatsächlich ein paar Tröpfchen über die Keksschüsseln und Wasserfläschchen, als er trotzig blafft: «Weil's gerade so gut lief. Also, im wörtlichen Sinne, so. Wenn du rollst, dann rollst du. Ich war zu faul, den Tempomaten auszuschalten.»

Karin schaut nun sehr enttäuscht. Als wäre der Zucker wirklich Salz. Oder zumindest von Salz durchsetzt. Rainer hingegen grinst, als wäre ihm Ralph gerade erst sympathisch geworden.

Phänomen der Brummifahrerseele: die innere Unruhe

Der Mensch ist ein Tätigkeitswesen. Selbst Aussteiger, die sich eine Almhütte kaufen und Schafe hüten, sitzen nicht den ganzen Tag auf der Schnitzbank und starren reglos ins Tal. Erst die Arbeit erschafft die Pause. Eine Pause unter Pausen wäre wie ein Schokoladentropfen in einem Meer aus Milka. Vielfahrer am Steuer eines Trucks leiden auf eintönigen Strecken nicht bloß unter Langeweile, sondern unter dem seltsamen Gefühl, die Fahrt selbst gar nicht zur Arbeit zählen zu dürfen. Das führt entweder dazu, dass sie sich während der Fahrt mit allem Möglichen beschäftigen, oder dazu, dass sie sich irgendwann der Trance des vom Tempomaten bestimmten Dahinrollens vollkommen ergeben und keine Lust mehr haben, zugunsten von Kleinigkeiten wie «Abbremsen» bei zu geringem Abstand aus ihr aufzuwachen.

Alberne Fragen

Milosz scheint seine eigenen Turnschuhe wirklich schlecht zu kennen. Er lehnt sich weit im Stuhl zurück und neigt den Kopf, um sie unter dem Seminartisch noch genauer zu betrachten. Ihm traut Frank alles zu, was aus Nachlässigkeit und Unachtsamkeit hinter dem Steuer eines Trucks möglich ist, aber dass auch Ralph sich hin und wieder dieser Trance ergibt und es rollen lässt, ärgert den Fahrlehrer geradezu. Es fühlt sich an wie bei einem Sohn, der es «eigentlich kann», dann aber doch eine Fünf bekommt, weil er nicht geübt hat. Ralph zieht verlegen an seinem Ohrläppchen. Frank erinnert sich an all die technischen Raffinessen eines modernen Lkw und schiebt noch eine Frage nach:

«Was war denn mit deinem Abstandsassistenten? Hat der sich nicht beschwert? Oder hast du keinen?»

Ralph schüttelt den Kopf: «Meine Maschine ist Baujahr 2007. Und wisst ihr was? Da bin ich sogar froh drum!»

«Warum?»

«Bei dem, was heute alles vorgeschrieben und möglich ist, kann ich als Fahrer auch gleich zu Hause bleiben. Spurhalteassistent, Totwinkelassistent, Verkehrsschilderkennung, Abstandsassistent. Das blinkt und piept wie in der Merkur-Spielothek. Ich denke, wir sollen den Blick auf der Straße lassen und nicht auf die 1000 Anzeigen im Cockpit gucken. Oder? Ja, was denn nun bitte?»

Assistenztechnologie im Lkw-Cockpit

Seit dem 1. November 2013 sind bei Neuzulassungen von Lkw über acht Tonnen ein Notbremsassistent sowie bei Lkw über 3,5 Tonnen ein Spurhalteassistent Pflicht. Der Notbremsassistent beinhaltet einen Abstandsregeltempomaten, der automatisch das Tempo des vorausfahrenden Fahrzeugs analysiert und die Geschwindigkeit entsprechend anpasst. Diese sogenannten ACC-Systeme (Adaptive Cruise Control) sind auch für viele Pkw serienmäßig oder als Aufrüstung erhältlich. Mit der Verpflichtung, keine neuen Lkw mehr ohne diese Technologie herzustellen, wurde 2013 eine Verordnung in die Praxis umgesetzt, die in der EU bereits vier Jahre zuvor beschlossen worden war – zunächst wirkungslos. Anlass, sie schließlich doch umzusetzen, war der Unfall eines tschechischen Sattelzugs auf der A6 bei Sinsheim am 20. März 2013: Nachdem der Fahrer am Steuer einen Schlaganfall erlitten hatte, hielt der konventionelle Tempomat einfach stumpf die Geschwindigkeit und lenkte den Laster führerlos durch den Verkehr, ohne abzubremsen. Es entstand enormer Sachschaden, doch wie durch ein Wunder kam niemand zu Tode. Der Bundesverband Güterkraftverkehr, Logistik und Entsorgung (BGL) hatte die automatischen Abstandssysteme bereits seit 2011 im Feldversuch getestet und dabei eine Verringerung des Unfallrisikos um 34 Prozent festgestellt.

Frank macht sich eine Notiz dazu, dass sogar der scheinbar gutmütige Ralph froh ist, diese hilfreiche moderne Technik nicht im Cockpit zu haben, und wendet sich an Milosz, der immer noch seine Turnschuhe unter dem Tisch analysiert: «Kannst du das bestätigen, was dein Kollege da vom Leben hinterm Lenkrad erzählt?»

Widerwillig schaut der Mann auf. Er nickt und lässt derweil seinen grimmigen Blick durch die ganze Runde schweifen. Die ganze Runde außer Ralph. Frank kennt das, aus jedem Kurs. Mögen sich zwei Brummifahrer gerade eben noch gestritten haben, fühlen sie sich einander trotzdem näher als jedem, der sonst noch am Tisch sitzt. Es sei denn, einer der anderen wüsste ebenfalls, wie eine Koje von innen aufgebaut ist und wie die Verkleidung darin riecht. Wüsste, wie die Klappen der Schrankwand sich anhören, wenn man sie öffnet und schließt, und welchen Unterschied die aus Trucker-Sicht echten Verbesserungen an modernen Modellen machen. Beispielsweise eine wirklich leise Klimaanlage im Standbetrieb oder ausklappbare Stufen im Bug, sodass man bequem zur Windschutzscheibe hinaufsteigen kann, wenn sie mal per Hand gewischt werden muss. Frank weiß: Die Details, über welche sich Ralph und Milosz austauschen könnten, sind für andere Menschen so fremd wie Bodenproben vom Mars. Frank hat gelernt: Die meisten Menschen unterteilen die Welt nicht in Arm und Reich, Schwarz und Weiß oder Männer und Frauen, sondern in «wir» und «die», wobei «wir» immer alle Menschen sind, die verstehen können, womit man sich tagtäglich herumzuplagen hat. Alle anderen sind nicht ernst zu nehmen.

Rainer liest derweil in der Kursmappe und muss lachen.

«Was ist so amüsant?», fragt Frank.

«Die Fragen auf Seite 5», antwortet der Jäger. Frank weiß auswendig, was Rainer meint, noch bevor er es laut vorliest: «‹Zurzeit fahre ich ...›, und: ‹Am liebsten fahren würde ich ...›» Der Jäger klappt die Mappe wieder zu und ahmt spöttisch einen Kindergartenjungen nach: «Zurzeit fahre ich einen großen Pick-up. Der ist sehr praktisch, wenn man Trödel transportieren will. Oder tote Tiere. Am liebsten fahren würde ich einen alten, amerikanischen Ford Mustang Fastback aus dem Jahre 1967.»

Ralph steigt sofort ein, wie am Stammtisch: «Warum denn das? Wenn man die freie Wahl hat, nimmt man auf jeden Fall den ganz klassischen 911er-Porsche.»

Jutta winkt ab: «Dieser Markenkult bei Autos ist der gleiche Kokolores wie bei meinen Schülern mit den Schuhen. Alle wollen sie den Air Max von Nike. Hätte die Firma den Schuh ‹Meistluft› genannt, würde ihn keiner kaufen.»

«Also mir ist nur wichtig, dass ich weiß, wo mich mein Auto hinbringt», sagt Karin. «Wenn ich irgendwo noch nie war, gucke ich gerne vorher auf Google Earth nach, wie es am Ziel aussieht. Also so richtig, mit Satellitenbild und Fotos. Vor allem, wo die Cafés sind, die Restaurants ... und die Parks.» Sie lächelt.

Frank fällt auf, dass Thomas den Mund nicht mehr zubekommt. Der Vertreter schaut Karin an, als hätte sie gerade etwas galaktisch Entzückendes gesagt.

Jutta hat in der Zwischenzeit ebenfalls die Seite aufgeschlagen, auf der nach dem Traumwagen gefragt wird. Ärgerlich haut sie mit der flachen Hand auf das Papier: «Das ist doch wirklich eine bescheuerte Frage.»

Frank steht auf, die Arme angewinkelt und den Rücken gerade. Ruhig tippt er mit dem Stift in seiner rechten Hand in die Fläche seiner linken. Erst mal abwarten, denkt er. Die Schüler müssen sich ein bisschen austoben.

Jutta blättert in der Mappe: «Hier, *das* ist eine sinnvolle Frage: Was wir denken, wer die sichersten Verkehrsteilnehmer sind.»

Thomas sagt: «Ich denke, das sind bestimmt so Frauen wie Karin, die ...» Als er sich selbst unterbricht, färben sich seine Wangen für eine halbe Sekunde rot. Karins Augenbrauen heben sich. Thomas' Blick folgt der Bewegung. Meine Güte, denkt sich Frank, eben noch gestandener Mann, plötzlich wieder 15. Fällt das nur ihm auf?

Jutta sagt: «Sag an, unser Nesthäkchen. Wo hast du deine drei süßen Punkte überhaupt her?»

Frank schaut Karin wortlos fragend an. Ganz kurz huscht ihr Blick unsicher über die Gesichter der anderen, dann beugt sie sich vor und beginnt zu erzählen.

Karins Fahrgeschichte:
Tempo wegen Tempos

57 km/h in einer Tempo-30-Zone gefahren. 3 Punkte,
80 Euro. (Heute: 1 Punkt, 80 Euro.)

Karin überlegt einen Moment, wie sie anfangen soll. Ob diese Leute überhaupt verstehen können, worüber sie spricht. Der ehemalige Schuster und heutige Brummifahrer Ralph ist augenscheinlich kinderlos geblieben. Er kann zwar zornig werden, aber so liebevoll, wie er über seine Beate spricht, hätte er ein gemeinsames Kind mit ihr in jedem Fall erwähnt. Jutta hat statt leiblichen Nachwuchses ihre 23 Kinder in der Schule und das eine alte Kind namens Onkel Ludwig daheim. Und dieser Thomas hat keine Frau in seinem Leben erwähnt. Außer seiner Mutter. Sie weiß nicht, was sie von diesem Mann halten soll, der sie gerade dermaßen gespannt ansieht, als wäre er auf das, was sie zu sagen hat, so neugierig wie auf eine siebte Staffel der *Sopranos*. Sie kann ihn nicht riechen, im wörtlichen Sinne. Karin hat eine sehr feine Nase, doch dieser Thomas strömt überhaupt keine Gerüche aus, weder schlechte noch gute. Kein *Arctic-for-Men*-Deo, kein *Attraction-Force*-Duschgel, aber auch kein Schweiß oder diesen verbrauchten Mief, den manche Männer mit sich herumtragen. Da ist nichts. Gar nichts. Als wäre der Mann ein Reptil. Ein Kaltblüter.

Das verwirrt sie, wie so vieles in ihrem Leben.

Nur eines weiß sie ganz genau: Niemand, der selbst keine Kinder hat, kann verstehen, wie das ist, wenn es dem eigenen Fleisch und Blut schlecht geht.

Sie sagt: «Die meisten Kilometer, die ich fahre, dienen dazu, meine Tochter Lara irgendwo hinzubringen. Ich meine, das ist ja unsere Hauptaufgabe als Mütter, oder? Erst bringen wir das Kind auf die

Welt, und dann bringen wir es auf dieser Welt ohne Unterbrechung von A nach B.»

Thomas betrachtet sie so intensiv, als würde er aus jedem Wort ihre Autobiographie heraushören wollen. Thomas, das Reptil. Thomas, das Chamäleon. Er ist nicht mein Typ, denkt sie. Sie mag blond und breitschultrig, nicht schwarz und drahtig. Blond, breitschultrig und wenigstens nach *irgendetwas* riechend. Außerdem fehlt ihm ein Knopf.

Karin erzählt weiter: «Wir sind unterwegs. Lara und ich. Ich bringe sie zum Training. Sie spielt Fußball, richtig gut, dritte Liga. Bei den Männern könnte das in dem Alter noch zum Sprung in die Profiwelt reichen.»

Rainer fragt: «Wie jung ist sie?»

Karin antwortet: «16. Bald 17. Hatte ich doch gesagt. Ich muss meine Punkte wegkriegen, damit sie mich beim Führerschein als Begleitperson eintragen kann.»

Frank sagt: «Als du das erzählt hast, war Rainer noch nicht da.»

Rainer rollt mit den Augen: «16 Jahre alt und wird noch wie ein Kind gefahren. Kein Wunder, dass die Jugend verweichlicht.»

Karin will gerade etwas entgegnen, da sagt Thomas genau das, was sie Rainer über den Tisch schleudern wollte: «Du kennst sie doch überhaupt nicht!» Auf seiner Stirn steht eine Zornesfalte.

Karin ist baff. Heißblütig springt der Kaltblüter für sie in die Bresche. Das findet sie großartig, obwohl sie ihm misstrauen muss. Er ist schließlich ein Mann, und mit dieser Spezies hat die Alleinerziehende keine guten Erfahrungen gemacht. Außerdem ist er Vertreter! Sobald ein Vertreter für Medizintechnik oder Hygieneprodukte die Praxis betritt, wird die Laune von Dr. Feinbaum noch schlechter, als sie ohnehin meistens ist.

«Meine Lara könnte alleine mit dem Bus nach Nairobi fahren, so selbständig ist sie», sagt Karin, «aber diese Fahrt zum Training und wieder zurück ist unser Ritual. Wir unterhalten uns über den Tag. Was bei ihr in der Schule los war und bei mir in der Praxis.»

«Praxis?», fragt Thomas und guckt erwartungsvoll.

So, jetzt ist es wieder so weit, denkt Karin. Innerlich seufzend sagt sie: «Ich bin Sprechstundenhilfe.»

Was dann passiert, ist außergewöhnlich. Wenn sie sonst ihren Beruf erwähnt, taucht im Gesicht ihres Gegenübers Enttäuschung auf, manchmal sogar Schrecken, weil niemand gerne zum Arzt geht. Die häufigste Reaktion ist jedoch meistens: Langeweile. Eine Hausärztin, gut, das würde noch ein Mindestmaß an Interesse und Respekt erzeugen, selbst bei einer schlichten Wald-und-Wiesen-Praxis für Allgemeinmedizin, aber eine Sprechstundenhilfe? Da spürt sie bei jeder Nachfrage während eines Dates, dass der Mann sich noch mehr anstrengen muss, Interesse für ihren Beruf vorzutäuschen, als würde man ihn zwingen, die Episodenbeschreibungen von 850 Folgen langen brasilianischen Telenovelas nachzulesen.

Aber Thomas? Der schaut sie gerade an, als würde er wirklich gerne Näheres erfahren. Als hätte er Respekt vor ihr. Vor der einfachen Sprechstundenhilfe, die als Teenager schwanger wurde, kurz bevor ihr der Kindsvater weglief, was sie gar nicht mehr laut aussprechen muss, weil es sich wahrscheinlich ohnehin schon jeder hier denkt.

Auch, um ihre eigene Verwirrung zu bekämpfen, spricht sie schnell weiter: «Lara und ich quatschen im Auto über unseren Tag und schauen entlang der Strecke, was sich verändert hat. Neulich hat der Antonelli sein Restaurant zugemacht. Als wir das sahen, haben wir beide tagelang darüber geklagt. Wie der Antonelli Pizza gemacht hat, das gab's in ganz NRW kein zweites Mal! Der Boden hauchdünn, ein wenig Oregano war bereits in den Teig selbst eingearbeitet. Als Käse konnte man sich neben den üblichen Sorten auch Gruyère oder Bergkäse aus Rohmilch aussuchen. Ein Traum.»

Als Karin sieht, dass Thomas sogar bei ihrer Trauer über das Ende des Italieners mitzugehen scheint, ruft sie sich in Erinnerung, was sie sich ein für alle Mal vorgenommen hat: Aufpassen! Achtsam bleiben! Keinem Mann trauen!

«Was ist passiert?», fragt Frank.

«Auf der Hinfahrt gar nichts», sagt Karin. «Lara ist gut gelaunt. Sie fährt zu dem Sport, der sie begeistert ... und damit auch zu dem Jungen, für den sie schwärmt. Linus. Auch erst 16, sieht aber schon aus wie 20. Hübsches Kerlchen. Hat das Kernige von Thomas Müller und das ätherisch Verwuschelte von Robert Pattinson in den *Twilight*-Filmen. Trainiert mit der Jungsmannschaft gleichzeitig auf einem anderen Platz. Ich fahre absolut aufmerksam. Achte auf alle Schilder. Hallo? Ich habe meine Tochter im Auto! Das Wichtigste auf der Welt. Seit drei Wochen redet sie nach dem Training mit Linus. Letzten Freitag haben sie das erste Mal geknutscht. Unterm Flutlicht, an der Blechbande.»

Karin denkt daran, wie glücklich Lara danach war. Ihre Wangen so rosig, als wäre sie den ganzen Weg gerannt. Im Bauch ein ganzes Tropenhaus voller Schmetterlinge. Nichts ist Karin wichtiger als das Glück ihrer Tochter.

DIE BELIEBTESTEN AUSREDEN DER VERKEHRSSÜNDER

«Ich bin doch keine Maschine!»

Alle Menschen, die im Straßenverkehr auffällig werden, würden als Patient im Krankenhaus erwarten, dass der Chirurg sie immer gleich gut operiert. Mag er frisch verliebt sein oder frisch geschieden, privat sorgenfrei oder getrieben von Zorn und Zerwürfnissen – er darf seine Gefühle nicht an den Tisch mitbringen. Gleiches erwartet der Zahler von Steuern und Krankenkassenbeiträgen von Polizisten, Rettungshelfern, Lehrern oder Lotsen.

Auf sich selbst wenden die Flensburger Punktesammler diese Regel allerdings nicht an. Sie fühlen sich berechtigt, ausschließlich dann aufmerksam und vorsichtig zu fahren, wenn ihre emotionale Wetterlage gerade vollkommener Windstille gleicht. In allen anderen Fällen halten sie die Erwartung, auch bei akuten Sorgen ein im Schnitt eineinhalb bis zwei Tonnen schweres Fahrzeug konzentriert im Griff zu halten, für unverschämt und unmenschlich.

Wann die Ausrede legitim ist …

Nie … wenn sie begründen soll, warum man sich ausgerechnet am Steuer als das «Opfer seiner Emotionen» vollkommen von ihnen leiten und hinreißen lässt. Denn gerade die Tatsache, dass man ein Mensch ist, befähigt einen dazu, aus dem Käfig der Gefühle, Gewohnheiten und Scheuklappen auszubrechen und sich selbst wie von außen zu beobachten. «Ich *bin* nicht meine Gefühle» – diese Erkenntnis, die auch beim Erlernen der Meditation zum Einsatz kommt, rettet am Steuer Leben. Wer die Fähigkeit trainiert, gerade dann, wenn «die Pferde mit einem durchgehen» einen Schritt von sich selbst zurückzumachen und sich beim Fühlen zu beobachten, bekommt die Pferde alleine dadurch wieder in den Griff. Diese Achtsamkeit zu erlernen und zu bewahren, ist schwer und erfordert Übung. Eine Maschine wäre dazu niemals in der Lage. Läuft in ihr ein bestimmtes Programm ab, kann sie nicht während des Prozesses den Prozess selbst beobachten – sie *ist* dann der Prozess.

Frank fragt: «Die Punkte kamen also auf der Rückfahrt zustande?»

Karin erzählt: «Wir hatten verabredet, dass ich sie erst um 21 Uhr abhole, damit sie nach dem Training noch Zeit mit Linus hat. So gegen zehn nach acht teste ich gerade zu Hause ein Keksrezept mit Ingwerschokolade, da bekomme ich eine SMS von meiner Süßen. Nur drei Worte: ‹Hol mich ab!› Hol mich ab! An einem Abend mit Linus!

50 Minuten vor der verabredeten Zeit! Ich renne zum Wagen und fahre zur Sportanlage. Lara steht verheult vor dem Eingang zu den Sportplätzen, wirft sich auf den Beifahrersitz und schluchzt, ich soll losfahren.»

«Und du fährst los?», fragt Frank.

«Ja, sicher! Meine Kleine ist voll aufgelöst. Will nur weg. Ich frage sie, was los sei. Sie antwortet: ‹Lihum!› Das heißt natürlich ‹Linus›, auf Heuldeutsch, die Sprache verzweifelter Teenager.»

«Das ist gut!», sagt Jutta und lässt sich das Wort auf der Zunge zergehen: «Heuldeutsch.»

Karin sagt: «Das ist überhaupt nicht gut! Ich frage Lara, was mit Linus ist. Sie auf Heuldeutsch: ‹Ma! Demahaheusomehamaobnizwimmiumä!› Das heißt auf Normaldeutsch: ‹Mama! Der Arsch hat heute so getan, als ob nichts zwischen uns gewesen wäre.› Sie wühlt im Handschuhfach herum. Ihre Augen sind geschwollen. Die Nase läuft. Sie: ‹Ma! Wimohaluketatülmmwa?› Das heißt: ‹Mama! Wieso hast du keine Taschentücher im Wagen?› Ich fange an, in der Türverkleidung zu suchen, finde aber nur gebrannte CDs, Hustenbonbons und den Eiskratzer, den man den ganzen Sommer über in den Kofferraum räumen will.»

Frank hakt sich seinen Stift zwischen Finger und Daumen: «Nur kurz für die Akten: Du suchst also jetzt erst mal während der Fahrt den Wagen nach Hygienepapier ab?»

Karin nickt.

Jetzt und hier, an diesem Tisch im Sünderseminar, weiß sie, wie blödsinnig das ist. Aber dieses Gefühl, dass die Welt auch für einen selbst in Schieflage gerät, wenn sie für das eigene Kind zusammenbricht, können eben nur Eltern nachempfinden.

«Mir fällt ein, dass ich noch ein paar lose Taschentücher in der Hosentasche haben könnte. Also: in der Gesäßtasche. Ich schnalle mich kurz los und hebe den Po an. Der Wagen beschwert sich. Alarm.

Bitte anschnallen. Ich sage Lara, dass sie die Tempos aus meiner Hose ziehen soll, aber sie ist zu verwirrt. Sie nestelt an meiner Hose herum, aber statt sich zu beeilen, redet sie während des Gefriemels weiter: ‹Wikawalei? Wikadabolei?› Ich sage ihr, dass ich auch nicht weiß, wie das bloß sein kann! Jungs sind eben Idioten in dem Alter. Unreif wie frischer Harzer Käse, wenn in der Mitte noch dieser eklige weiße Kern ist. Und sie soll endlich mal die Tempos da rausziehen. Ich werde schneller, weil der Fuß in der komischen Körperhaltung zu sehr aufs Gas drückt. Das Gurtsymbol blinkt und bimmelt sich einen Wolf. Lara schluchzt: ‹Wamollojebomalle?› Ich sage ihr, dass sie erst mal gar nichts machen kann, außer endlich die beiden Taschentücher rauszuziehen, doch da ist es leider schon zu spät. Wir beide werden geblitzt. Mit 57 in der Dreißigerzone. Meine Tochter heulend. Ich unangeschnallt und in einer Körperhaltung, als würde ich in Panik einem Waschbären ausweichen, der sich urplötzlich auf meinen Schoß materialisiert hätte. Aber gut, ich muss sagen: Das Foto, das ist einmalig!»

Phänomen der Autofahrerseele: die Emotionsfalle

Der Mensch ist ein Gefühlswesen. Mitleid und Empathie machen ihn zu einem sozialen Geschöpf. Wer gar nichts empfindet, wenn ihm nahestehende Menschen leiden, ist ein Soziopath. Sich allerdings nicht bloß in den anderen hineinversetzen zu können, sondern aufgrund der Gefühle des Gegenübers selber in Auflösung zu geraten, ist keine Empathie, sondern im schlimmsten Fall eine Störung. Empathie bedeutet, auf Emotionen angemessen zu reagieren und sie richtig zu erkennen. Von außen. Lässt man sich von ihnen einhüllen, kann man sie genauso wenig richtig einschätzen wie das Außenmuster einer Decke, unter der man verschwunden ist. Nimmt der Mensch nun seine Aufgewühltheit aufgrund der Sorgen und Probleme seiner Lieben mit hinters Steuer, geschieht dort ein besonders gefährlicher Spagat. In Gedanken bei den

Mitmenschen aus seinem privaten Leben, rast er, in die besagte Emotionsdecke gehüllt, durch den Verkehr und ignoriert dabei alle Mitmenschen, die ihn vor der Windschutzscheibe und um das Fahrzeug herum umgeben. Hier geben sich zu große Empathie mit den Menschen, die nicht anwesend sind, und zu geringe mit denen, die er abgelenkt über den Haufen fahren könnte, auf hanebüchene Weise die Hand.

Da schnallst du ab!

Ralph klatscht.

Thomas nickt: «Großartig. Also nicht Laras Liebeskummer, sondern wie du das erzählst.»

Rainer sagt: «Tempo 30 ist die größte Lüge der Menschheit. Gleich nach dem Unsinn, dass wir Pflanzenfresser sind.»

«Nein, gleich nach den Spielstraßen!», sagt Jutta.

Alle nicken.

«Und das sage ich als Lehrerin. Ich mag Kinder, besonders in dem Alter, bevor sie anfangen, zu jedem ‹Alder!› zu sagen. Aber da, wo heute noch Spielstraßen sind, gibt es keine Kinder mehr. Gibt's nicht!»

«Richtig», sagt Rainer. «Die Spielplätze bauen sie nach und nach wieder ab, aber die Schrittgeschwindigkeit in ganzen Ortsteilen lassen sie bestehen.»

«Wo gibt's denn diese Spielstraßen?», fragt Jutta. «In den Dörfern und den Kleinstädten. Und wo gibt's viele frische Kleinkinder?»

«In den Hochhäusern von Berlin-Marzahn und Köln-Porz!», antwortet Rainer. «Die Mittelschicht wirft doch nicht mehr!»

Kurz ist Ruhe im Raum.

Jutta scheint erschrocken darüber, mit jemandem wie Rainer an einem Tisch zu sitzen.

Frank weiß, dass er solch ein spontanes Entrüstungsdomino erst mal laufen lassen muss.

«Was denn?!», fragt Rainer. «Hab ich nicht recht? Gibt's Spielstraßen in Istanbul? Oder in Indien? Weltweit gilt doch wohl: je mehr Nachwuchs, desto weniger Spielstraßen!»

«Das stimmt allerdings», sagt Jutta, «alles Kokolores!»

Frank steht auf. Die Dominosteine sind gefallen. Er schaut in die Runde. Einerseits enttäuscht darüber, dass die Menschen so sind, wie sie sind, und andererseits beruhigt, dass alles nach Plan läuft. Der Zustand der Gruppe ist typisch für diese Phase. Sie fühlen sich alle noch als die ungerecht behandelten Opfer.

«Was glaubt ihr, wie die Durchschnittsgeschwindigkeit in Tempo-30-Zonen ausfällt?», fragt er. «Also *nicht* das höchste Tempo, sondern der Durchschnitt?»

Er wartet ab.

Karin sagt: «37 Stundenkilometer?»

Frank klopft mit dem Stift auf die Kladde. «Noch jemand? Nein?»

«40», sagt Jutta.

«42», traut sich Thomas.

Frank wartet eine Sekunde, bevor er etwas sagt. Der Effekt dieser Antwort im Kurs erweist sich jedes Mal als sichere Bank.

«Es sind 48 Kilometer pro Stunde», sagt er. «Und ich betone noch mal: Das ist der Durchschnitt. Das heißt, sehr viele sind bedeutend schneller unterwegs. Hier, unser Nesthäkchen, wie du sie getauft hast, Jutta: 57 Stundenkilometer.»

«Meine Tochter war nun mal völlig aufgelöst, und ich musste an die Tempos rankommen!»

Frank legt den Stift in sein geöffnetes Notizbuch. Er sieht in Karins Augen, was er immer sieht, bevor die Teilnehmer zu begreifen beginnen: trotzige Empörung.

«Was soll das heißen: Ja, die Verkehrsregeln respektiere ich schon und halte mich auch dran, aber wenn meine Tochter Gefühle mit ins Auto bringt, dann schnalle ich ab. Also, auch im wörtlichen Sinn?»

Karins Trotz wandelt sich in echten Ärger.

«Ja, was denn sonst? Soll ich etwa gefühlskalt sein? So, als würde mir das alles nichts ausmachen?»

Perfekt, denkt Frank. Besser hätte sie die Frage nicht stellen können, auf die es nur eine Antwort gibt. Und die scheint immer wieder ganz und gar unglaublich zu sein. Er nimmt den Stift wieder in die Hand und unterstreicht damit, was er sagt: «Ja, natürlich.»

«Wie bitte? Man soll im Leben gefühlskalt bleiben?»

«Du liebst deine Tochter?»

«Was ist das für eine Frage! Davon rede ich doch!»

«Und das beweist du ihr, indem du als die Sorgeberechtigte, die das Fahrzeug lenkt, nicht etwa an den Rand fährst oder am besten gar nicht erst los? Indem du nicht in Ruhe mit ihr irgendwo eine Pizza essen gehst, auch wenn die nie mehr so gut sein wird wie bei Antonelli? Sondern indem du während einer Heuldeutsch-Orgie mit ihr durch die Gegend rauschst?»

«Sie hat geschluchzt, dass ich sofort losfahren soll! Die wollte natürlich weg vom Sportplatz. Man will als Frau immer weg von einem Ort, an dem einem gerade weh getan wurde.»

Frank fällt auf, dass Thomas sie besorgt anschaut, als sie das sagt.

«Gut», sagt Frank, «aber wenn man schon der Tochter bei der Flucht helfen will, dann fährt man so, wie man eben fährt, wenn man erwachsen ist. Du hast doch vorhin gesagt, du fährst immer nach den Regeln, um dein Kind zu beschützen.»

«Ja.»

«Außer dein Kind ist aufgelöst? Dann löst du die Regeln gleich mit auf?»

Thomas sagt: «Was soll das denn jetzt? Zu uns warst du nicht so streng!»

Karin sieht ihn seltsam an. Skeptisch, aber auch dankbar.

«Wann hilft man den Menschen, die man liebt, besser? Wenn man immer alle Gefühle, die sie gerade haben, übernimmt oder vielleicht doch eher, wenn man davon unabhängig bleibt?»

Die Teilnehmer denken nach. Frank sieht Erinnerungen hinter jeder Stirn.

«Wenn ich traurig und verzweifelt bin, wer hilft mir dann eher? Jemand, der auch verzweifelt, oder jemand, der einen kühlen Kopf bewahrt? Wenn ich schon außer mich gerate, dann kann mich doch nur einer retten, der bei sich selbst bleibt, oder? Das gilt erst recht, wenn man gerade verantwortlicher Fahrzeugführer ist.»

Karin greift sich ans Ohr und an die Nase und wieder ans Ohr: «Okay. Da ist was dran.»

«Schlagt bitte alle mal Seite 7 in eurer Mappe auf.»

Es raschelt. Auf Seite 7 steht: Welchen Eindruck haben die anderen von mir? Welchen Eindruck habe ich selbst von mir?

Frank fragt: «Sieht irgendjemand von euch sich selber als aggressiven Fahrer? Oder denken andere, dass ihr das seid, und ihr selbst denkt: Was für ein Kokolores?»

Jutta hebt mahnend den Zeigefinger.

Milosz ist zur Analyse seiner Turnschuhe unterm Tisch zurückgekehrt.

Der vorlaute Rainer bleibt ungewöhnlich still.

«Rainer! Du warst noch nicht dran. Denken deine Mitmenschen, du fährst aggressiv?», fragt Frank.

Der Jäger mit dem Pick-up schaut auf: «Pah. Der Staat denkt das. Der denkt das schwarz auf weiß.»

Frank weiß, dass er diesen Mann nicht ändern wird. Aber wahrscheinlich kann er den anderen wenigstens als schlechtes Beispiel dienen.

«Und du? Was denkst du selbst zu deiner Fahrweise?»

Rainer grummelt. Ein Geräusch wie Regen im Unterholz.

Frank sagt: «Lass hören.»

Rainers Fahrgeschichte:
Dreifelderwirtschaft

Überschreitung der Höchstgeschwindigkeit außerorts
um 41–50 km/h. 3 Punkte, 160 Euro, 1 Monat Fahrverbot.
(Heute: 2 Punkte, 160 Euro, 1 Monat Fahrverbot.)

«Zu schnell.»

Zwei Worte. Dann schweigt Rainer wieder. Es werden auf dieser Welt der Schaumschläger und Dampfplauderer sowieso viel zu viele Worte gemacht. So sieht er das. Die haben alle keine Ahnung vom Leben. Spielen sich selbst was vor.

Zwei Worte.

Ruhe.

Rainer genießt, wie diese Flachzangen ihn jetzt anschauen. Jutta, die Cola trinkende Lehrerin. Karin, die in der Keksschale wühlt, aber kein einziges Exemplar findet, das ihren ach so hohen Ansprüchen genügt. Ralph, dessen Auge wieder komisch zuckt. Was für Gestalten.

Frank fragt: «Geht's von alleine weiter, oder soll ich einen Euro einschmeißen?»

Rainer sieht ihn müde an, den jovialen Fahrlehrer. Der Mann fühlt sich so lustig und überlegen. Dabei weiß doch jeder: Entweder man kann etwas, oder man lehrt es.

Rainer hebt die Hände: «Ja, was soll ich sagen? 110 bei 70. Auf der Landstraße, die auf mein Dorf zuführt. Ich sage nur: Ortskenntnis.» Und schon schweigt er wieder.

Jutta schlürft an ihrer Cola.

Thomas kritzelt irgendwas in seine Mappe, damit nicht so auffällt, dass er seinen Blick kaum noch von der Sprechstundenhilfe abwenden kann.

Frank sagt schon wieder: «Rainer?»

«Ja?»

«Und weiter ...?»

«70! Auf *dieser* Straße! Das ist hanebüchen. Und überhaupt – ich lebe da seit 58 Jahren. Das heißt, ich fahre da seit 40 Jahren Auto!»

«Und deswegen darfst du dort rasen und andere nicht?»

Dass dieser Fahrlehrer diese rhetorische Frage überhaupt ernsthaft in die Runde schmeißt. Dass der jetzt hören will, Rainer hätte kein Recht, sich in seiner Heimat anders zu verhalten als die Ortsfremden. Natürlich hat er das! Außerdem geht es in diesem affigen Kindergarten ja ums Autofahren. Er seufzt schwer, lehnt sich zurück, verschränkt die Arme und überlegt, wie er diesen Leuten klarmachen könnte, was er meint.

Dann sagt er: «Unterführung. Backstein. Graffiti drauf. Links: ‹Scheiß BVB!› Rechts: ‹S04 für immer!› Acker, beidseitig. Der Acker vom alten Schwattkamp. Dreifelderwirtschaft. Raps, Weizen, Gerste. Immer im Wechsel. Feldweg. Feldweg. Wohnhaus rechts. Bis 2006 die alten Brockmeyers. Dann ganz kurz eine Familie aus Hagen, bis Mitte 2007. Sind nie richtig heimisch geworden. Seit 2008 die Tochter vom Klosterfeld, dem Apotheker, mit ihrer Familie. Solarzellen seit 2011. Stichstraße links. Führt zur Schweinemastanlage. Wieder Acker, beidseitig. Der Acker vom jungen Holm. Hat den Betrieb von seinem Vater übernommen. Rheinische Fruchtfolge. Also: Blatt, Halm, Halm, Blatt, Halm. Zum Beispiel: Kartoffeln, Winterweizen, Wintergerste, Silomais, Hafer. In diesem Sommer: Raps. Feldweg. Feldweg. Kreuzung. Wohnhaus rechts, die Lappenkamps. An der Straßenecke eine kleine Jesus-Statue mit Sitzbank und Vorplatz, so 'n bisschen wie hier gegenüber. Vorplatz erneuert 2014. Blauer Kies. Albern. Links ein altes Bauernhaus, ehemalig. Heute die günstigste Miete im Kreis. 450 Euro warm. Der Mossbach ist drin, unser Gemeinde-Alkoholiker. Stillgelegte Bushaltestelle. Früher Bürgerbus. Ganz früher Linie 68. Reste von Plakatpapier drin. Zirkus. Gastierte 2005. So. Weiter. Rechts

Wiese, Viehwirtschaft. Links Buschwerk. Der alte Briefkasten. Ist noch in Betrieb. Abholung einmal am Tag um neun. Links oben über der Klappe ist eine Schramme. Rechtskurve. Linkskurve. Acker, beidseitig. Der faule Metzler. Einfeldwirtschaft. Rechtskurve. Linkskurve, etwas schärfer. Tafel für ortsansässige Betriebe. Tafel für Gottesdienst. Ortseingangsschild.»

Rainer überlegt noch einen Moment, ob er was vergessen hat. Seine Augen kehren aus der imaginären Heimat in den Seminarraum zurück. Die anderen sehen ihn genau so an wie das, was sie nun mal alle sind: wie die Schafe. Außer Frank freilich.

Rainer sagt: «Ich würde diesen Abschnitt selbst als Schlafwandler sicher fahren. 70? Ich lach mich kaputt.»

Phänomen der Autofahrerseele: die Heimatraserei

Der Mensch ist ein Heimatwesen. Und Heimat ist immer da, wo man sich auskennt wie in seiner Westentasche. Oder, um es zeitgemäßer zu sagen: wie in einem Videospiel. Wo man jede Mauer, jede Hecke, jede Höhle und jeden Wald bis auf den letzten Fetzen Unterholz kennt. Und wie in einem Spiel, in dem man nicht nur wandern, rennen und zaubern, sondern auch mit dem Auto durch die Gegend brausen kann, geht es da, wo man sich auskennt, im Blindflug durch die Levels. Ob mit dem Rennwagen, dem Rammbock oder dem Raumschiff nennt man ein solches Durchspielen ohne jede Kollision unter Gamern auch «Perfect Run». In der Wirklichkeit führt der Perfect Run in der vertrauten Heimat nur zum Highscore in Flensburg. Die Spiele haben sich dieser Tatsache längst angepasst, egal ob *Grand Theft Auto*, *Midnight Club* oder *Need for Speed*. Kaum noch ein Titel, bei dem einem nicht die Polizei auf den Fersen ist.

Die Testfahrt

Thomas und Ralph stehen draußen vor der offenen Tür in der Sonne, während Frank noch in der Fahrschule Papiere sortiert. Es ist der Tag der Testfahrt, eine Woche nach der ersten Sitzung des Kurses. Neben den Quittungen, Rechnungen und Werbeanschreiben auf Franks Schreibtisch liegt seine dicke Kladde. Er denkt an das Ende der Sitzung vor einer Woche zurück, an Rainers Fahrgeschichte, die nur aus Ortsangaben bestand. 160 Euro hätte ihn seine Raserei in der Heimatregion von Gesetzes wegen kosten müssen. 225 Euro wurden ihm berechnet. Die Bußgeldstelle kann bei wiederholter Auffälligkeit die gesetzlich festgeschriebene Mindestgebühr empfindlich erhöhen. Begeht der Verkehrssünder innerhalb eines Jahres noch eine weitere Geschwindigkeitsübertretung, reichen schon 25 Stundenkilometer zu viel, um ein Fahrverbot auszusprechen. Lappen weg wegen Unbelehrbarkeit. Ginge es nach Frank, könnte man Rainers Lappen direkt für immer einbehalten.

Im Gegensatz zum selbstgerechten Rainer ist Thomas leichter zu irritieren. Auch gerade ist er anscheinend nervös. Ständig wechselt er das Standbein wie ein Junge vor dem ersten Sprung vom Fünfmeterbrett im Freibad. Sie warten auf Milosz, den dritten im Bunde, der heute mit den beiden und Frank im Fahrschulauto die Testfahrt absolvieren wird. Für den maulfaulen Kroaten führt kein Weg daran vorbei. Selbst, wenn man die Seminarstunden nur absitzt und nichts von sich erzählt – die Testfahrt *muss* jeder durchziehen, sonst gibt's keinen Stempel für die Beamten im hohen Norden. Das hat Frank zum Abschluss der Sitzung letzte Woche mehr als deutlich betont, als sie die Termine für die kommende Zeit machten und die zwei Gruppen für die Testfahrten einteilten. Morgen, am Sonntag, kommen Jutta, Karin und Rainer vorbei. Thomas und die beiden Brummifahrer sind heute dran. Um 11 sollte es losgehen. Jetzt ist es 11:18 Uhr, und Milosz ist immer noch nicht aufgetaucht.

Ralph zieht an einer selbst gedrehten Zigarette und berichtet aus seinem Alltag im Truck. Gerade erzählt er vom millimetergenauen Rangieren auf dem engsten Hof des Landes irgendwo bei Frankfurt. «In den Gaststätten auf den Rasthöfen tauschen wir uns immer über solche Orte aus», sagt er. «Besonders über diesen Hof. ‹Was? Du hast den in nur sechs Zügen geschafft? Gibt's doch gar nicht! Kannst du mir nicht weismachen. Da braucht selbst der Beste mindestens zehn!› So reden wir dann. Wer uns zuhört, denkt, es geht um Schach. Kannst du Schach?»

Ralphs rechtes Auge dreht sich fragend zu Thomas, der einen Kopf kleiner ist. Das linke verweilt zuckend auf der Christus-Statue gegenüber der Fahrschule. Vor dem kleinen Park steht der Wagen, den sie gleich alle jeweils eine halbe Stunde durch die Gegend lenken müssen. Ein kleiner, schwarzer Mercedes der A-Klasse mit dem Aufdruck des Logos von *Franks Fahrfreuden* an der Seite. Frank gleicht etwas ab und will «Bezahlt» auf die Kopie einer Rechnung schreiben, doch der Kuli geht nicht.

Draußen sagt Thomas: «Was? Sorry, ich war gerade weg.»

«Wieder innerlich Verkaufsgespräche geführt?»

Thomas nickt, aber Frank hat den Verdacht, dass es dieses Mal nicht stimmt. In Wirklichkeit, vermutet der Fahrlehrer, ist Thomas nervös, und zwar weil er gleich eine Testfahrt mit zwei Berufsfahrern machen muss. Das geht vielen Männern in Franks Kursen so. Frauen nicht. Frauen haben keinen blinden Respekt vor Brummifahrern, aber den Kerlen ist er seit den frühesten Tagen als Junge eingegeben.

Phänomen der Autofahrerseele: die Angst vor Kontrollverlust

Der Mann ist ein Kontrollwesen. Vor nichts hat er mehr Angst als vor dem Moment, in dem ihm die Kontrolle aus der Hand gleitet. Das gilt allerdings nur, wenn er weiß, dass er beim Kontrollverlust beobachtet wird. Steht ein Mann mit dem Auto vollkommen allein auf einem Forstweg im Wald und ist sich sicher, dass niemand guckt, macht es ihm überhaupt nichts aus, wenn er den Wagen abwürgt. Meistens aber sieht er sich nervös um, ob einer guckt. Einer, der mitbekommt, dass er es einfach nicht rausschafft aus dem Parkhaus, das in den Sechzigern für Fahrzeugmodelle gebaut wurde, die halb so groß waren wie die heutigen. Der mitbekommt, dass die Ehefrau am Telefon tobt und nicht zu beruhigen ist, wo doch die Männer im Film jeden Streit nach wenigen Sekunden in den Griff bekommen – oder einfach auflegen. Nichts und niemanden im Griff zu haben und dabei noch gesehen zu werden – das ist das Schlimmste für die männliche Version des Homo sapiens.

Frank tritt aus der Fahrschule und schaut die Straße hinab. Blickt auf seine Uhr. Schüttelt den Kopf. Dass Milosz nicht auftaucht, kann er nicht verstehen. Er sagt: «Wenn er diesen Kurs nicht durchzieht, ist er seinen Führerschein los.»

Ralph zieht an seiner Zigarette und pustet im Rhythmus der gesprochenen Silben den Qualm aus: «Der kommt schon gleich.»

«Zwei Minuten. Dann fahren wir los.»

Thomas wirft einen Blick in die Mappe. Frank wirft einen Blick auf das, was Thomas sich gerade ansieht. Seite 9, der *Beobachtungsbogen zur Testfahrt*. Auf gestrichelten Linien sollen die Teilnehmer, wenn sie gerade nicht selbst dran sind, eintragen, wie sie das Fahren der anderen empfinden. *Was war gut? Was war weniger gut?* Die Autoren dieser Mappen schreiben absichtlich *weniger gut* statt *schlecht*. Am Ende des Bogens sollen die Teilnehmer ankreuzen, wie sie sich während der

Fahrt gefühlt haben. Die Skala reicht von *stets sehr sicher* bis zu *sehr unsicher.*

Ein alter Ford Mondeo rumpelt die ansteigende Kurve neben der Fahrschule hinauf und in die Parkbucht.

«Sag ich's doch», kommentiert Ralph.

Die Türen des Neunzigerjahremodells öffnen sich. Milosz steigt aus. Auf dem Beifahrersitz hockt ein Mädchen von sieben oder acht Jahren.

«Stau!», sagt der Mann und wackelt mit dem Kopf. Auch heute kleidet ihn wieder feinstes Trainingsanzugsmaterial.

Frank sagt: «Wer ist das?»

«Mein' Tochter.»

Milosz spricht es ohne das zweite e aus, das bei ihm meistens über die Klippe geht. Dass er tatsächlich aus Kroatien stammt, haben sie in der letzten Sitzung noch herausgefunden. Mehr hat er nicht von sich erzählt. Und auch das nur unter Verwendung eines einzigen Wortes: «Kroatien.»

Wenig sprechen und viel falsch machen geht bei Männern anscheinend zusammen, denkt Frank und sagt, mit Blick auf Milosz' Tochter: «Das geht nicht.»

«Bleibt hier», entgegnet Milosz. «Wartet im Auto. Ist brav.»

Frank seufzt. Er ärgert sich über sich selbst, dass er diesen unmöglichen Vorschlag innerlich ernsthaft in Erwägung zieht, damit sie endlich loslegen können. Auch er hat seine Zeit am Wochenende nicht gestohlen.

Ralph sagt: «Kollege. Man lässt ein Mädchen nicht im Auto warten wie einen Hund. Man lässt übrigens auch keinen Hund im Auto warten.»

Frank sagt: «In der Fahrschule kann ich sie auch nicht lassen. Ich kann sie weder da einsperren noch alles offen lassen, mit dem Beamer und so …»

Milosz sagt: «Kann warten wie ein Hund. Ist brav.»

Thomas sagt: «Ich habe eine Idee!»

Zwei Minuten später haben sie den Testwagen um 500 Meter bewegt und betreten gemeinsam die *Schlemmerhöhle*, die Imbissbude des kleinen Ortes. Ein dunkler kleiner Raum, in dem die Zeit anders verläuft. Braun furniertes Holz, Frittierfettnebel, Fenster aus Glasbausteinen. In der großen Pause der ersten Kurssitzung letzte Woche sind die Teilnehmer alle gemeinsam dort eingekehrt. Thomas zeigte sich besonders begeistert und fand es «kultig». Am Ecktisch sitzen wie jeden Tag die zwei ältesten Eingeborenen des Ortes, genehmigen sich schon vor 12 Uhr mittags ein Herrengedeck und mustern die Männer mit dem kleinen Mädchen schießschartenäugig. Betreiberin Brigitte kennt Frank seit vielen Jahren. Eine rustikale Frau, der man vertrauen kann. Thomas' Idee, Milosz' Tochter hier abzuladen, war gar nicht so schlecht.

Der Spielautomat dudelt sein deprimierend fröhliches Elektrolied. Die Chefin freut sich über die frühe Kundschaft. «Wir essen später was», sagt Frank, «nach der Fahrt. Aber die Kleine hier hat freie Wahl, nicht wahr?»

Milosz nickt. Das bunte Licht der Bonusspiele flackert auf den Wangen seiner Tochter.

Eine Dreiviertelstunde später rauscht die Lüftung. Milosz lenkt den Fahrschulwagen. Thomas sitzt neben Ralph auf der Rückbank und macht sich wie verlangt Notizen. Draußen gehen die Menschen ihren samstäglichen Besorgungen nach. Wie Ameisen wimmeln sie über die Parkplätze der großen Supermärkte, Gartencenter und Möbelhäuser. Frank sagt die Fahrtroute an. Zu Beginn und am Ende führt die Testrunde jedes Mal durch das gleiche Gewerbegebiet, und die Teilnehmer werden auf der gesamten Strecke zwischen Gewerbegebiet, Stadt und

Landstraße glauben, es mit einer leichten Route ohne Fallstricke zu tun zu haben. Der Profi-Lastwagenfahrer tut sich etwas schwer, den ungewohnt kleinen Wagen sanft und ohne Rütteln anzufahren, macht seine Sache ansonsten aber gut.

Frank sagt: «Fahr bitte dahinten auf den Parkplatz. Wir wechseln.»

Milosz tut wie ihm geheißen. Die Ballonseide raschelt. Frank sieht im Rückspiegel, wie Thomas' Wangen rot werden. Der Mann ist tatsächlich nervös. Gleich ist er dran.

Auf dem Parkplatz eines Gartencenters wechseln sie die Plätze. Menschen schieben Einkaufswagen mit frischen Topfpflanzen an ihnen vorbei. Ficus benjamina und kleine Koniferen. Ein Mann wuchtet 80 Kilo Gartenerde in seinen Kombi.

Thomas setzt sich hinters Steuer, einen Schweißtropfen auf der Stirn. Und weil die Angst schon seit einer Weile in ihm herumfuhrwerkt, nicht nur da. Die Trucker riechen besser. Milosz nach extra herbem Axe und Ralph ein wenig nach Zitrone. Dass Trucker sich durch mangelnde Hygiene auszeichnen würden, ist ein falsches Klischee. Wer 11 Stunden am Stück rasten muss, verbringt viel Zeit unter der Autohofdusche. Vor allem, da der Eintritt dafür unendlich viel heißes Wasser enthält und man nicht wie auf manchen Campingplätzen ständig Münzen nachwerfen muss.

Thomas lässt den Motor an. Sein Blick springt zum Rückspiegel, in dem die Berufskraftfahrer sitzen. Die A-Klasse schnurrt sanft. Thomas lässt die Kupplung kommen. Nichts rüttelt. Alles fließt. Frank sieht dem Vertreter an, wie erleichtert er ist, als der kleine Benz vom Parkplatz rollt.

Thomas dreht die gleiche Runde wie Milosz vor ihm. Wie ein fleißiger Schüler achtet er auf jedes einzelne Schild und alle anderen Verkehrsteilnehmer. Sogar an den Schulterblick denkt er.

Frank macht sich seine Notizen, während die beiden Brummifahrer auf der Rückbank anfangen, über komfortable Fahrzeugmodelle zu quatschen, die sich ihre Speditionen nicht leisten können.

«Der neue Volvo FH 540. Hast du gelesen?»

«Schwede, immer gut!»

«13-Liter-Motor. 2,8 Prozent Steigung mit 40 Tonnen schafft der noch im 12. Gang. 250-Liter-Schrankwand.»

Milosz nickt, als hätte er das Modell vor Augen. «Doppelkupplung», sagt er.

«Oh ja! Da merkst du gar nicht mehr, dass du schaltest!»

Frank weiß, worüber die beiden reden. Eine Kupplung, die aus zwei Kupplungen besteht, bei denen die eine schließt, während die andere öffnet.

Er dreht sich über den Beifahrersitz nach hinten und zischt: «Psst. Lasst euren Mitstreiter hier bitte konzentriert fahren.»

Die beiden Trucker schauen ihn an, als wären sie plötzlich Brüder. Zwei Zwölfjährige auf Papas Rückbank. Da ist es wieder: Wir gegen die. Frank weiß genau: Egal, wie sehr diese beiden Männer auf der Autobahn gegeneinander um Meter kämpfen würden – im Angesicht eines popeligen Pkw-Fahrers sind sie als Fachmänner und Schicksalsbrüder ein Herz und eine Seele. Aber sie bleiben ruhig.

Frank sagt zum lenkenden Thomas: «Eigentlich müsstest du ja jetzt deine Verkaufsgespräche üben. Damit es wie in echt ist.»

Thomas lacht: «So eine Testfahrt kann doch nie echt sein. Du sitzt neben mir, die Jungs da hinten mit den Mappen auf dem Schoß. Wir haben hier Tempo 50, und ich fahre 48!»

«Mhmh», macht Frank und notiert sich das Tempo sowie Thomas' Einschätzung der Lage.

«Aber der Wagen fährt sich gut», sagt Thomas.

Frank fragt: «Was wäre eigentlich dein Traumwagen? Die Frage aus der Mappe hast du im Kurs gar nicht beantwortet.»

«Bitte?»

«Da vorne bitte gleich links.»

«Ja.»

Thomas biegt links ab. Frank fragt weiter: «Also? In der Mappe, die Frage nach dem Traumauto? Bei Ralph hier hinten war's der klassische 911er-Porsche. Bei Rainer ein Mustang Fastback.»

Thomas überlegt, während er die Spur wechselt.

«Ein Chevrolet Impala von 1968», sagt er. «Den fahren die Winchester-Brüder, die Dämonenjäger aus der Serie *Supernatural*.»

«Das ist in der Tat ein cooles Auto», sagt Frank.

Thomas lächelt zufrieden.

Frank macht sich Notizen.

Gegen 13:35 Uhr holen die vier Männer Milosz' Tochter wieder in Brigittes dunkler *Schlemmerhöhle* ab. Mit einem Grinsen im Gesicht sitzt die Kleine den blinkenden Lichtern gegenüber am Tisch und hat Ketchup und Mayonnaise in den Mundwinken. Neben dem leergeputzten Teller steht ein Becher aus der nahe gelegenen Eisdiele.

«Das hat sich gelohnt», lacht Ralph.

Milosz zahlt.

Frank sagt: «Also, ich ess jetzt noch was!»

Thomas setzt sich mit an den Tisch und klappt die Teilnehmermappe auf. Frank beobachtet, wie er auf dem Blatt zu Ralphs und Milosz' Testfahrten ankreuzt, dass er sich mit den Brummifahrern am Steuer *stets sehr sicher* gefühlt habe.

Zweite Sitzung

Engel, die Einhörner transportieren

«An der einen Ampel beim Möbelhaus – habt ihr da auch gedacht, der Trick wäre, dass es einen grünen Rechtsabbiegerpfeil gibt?»

«Es gab bei dieser Fahrt keine Tricks, Jutta.»

«Genau.»

«Na, ich bin jedenfalls erst mal stehen geblieben.»

«Wir sind alle im Zweifel immer erst mal stehen geblieben. Rainer hat anderen Verkehrsteilnehmern beim Fahren sogar zugelächelt.»

«Das habe ich ironisch gemeint.»

«Ach so.»

Frank fährt den Rechner hoch und hört sich an, wie die Teilnehmer sich über die vergangenen Testfahrten austauschen. Sie haben ihre Notizen ausgebreitet und reden alle durcheinander. Karin hat selbst gebackene Plätzchen mitgebracht und Thomas die versprochene Kaffeemaschine für das moderne Büro. Ralph friemelt gerade ein Pad hinein. Es duftet nach Zimt, dem Lüfter des Beamers und vor längerer Zeit gemahlenen Arabica-Bohnen.

«Das wär doch sowieso kein Ernstfall», sagt Jutta, «so eine Fahrt mit Lehrer, bei der man nichts anderes macht. Das ist netter Kokolores. Diese Plätzchen hingegen – hmmm ...!»

Genießerisch schließt sie die Augen, als einer der runden Kekse mit Schokoladenüberzug in ihrem Mund verschwindet. Thomas hat ebenfalls in einen Keks gebissen. Sein Blick hängt an Karin, als hätte ihr Backwerk ihn erleuchtet.

Karin sagt: «Bei denen habe ich Siebzigprozentige geschmolzen.

Dazu Zimt, Kardamom, ein Hauch getrocknete Chilischoten und Kerbel.»

«Kerbel?», fragt Rainer und greift ebenfalls zu. «Kerbel mache ich an Bratensoßen.»

Ralph ist fertig damit, sich seinen Kaffee zu ziehen, und lugt über Thomas' Schulter in die aufgeschlagene Mappe.

«Na, was steht denn da über mich?»

Der Rechner ist hochgefahren, und aus der Erinnerung lädt sich auch der wahrscheinliche Ablauf des kommenden Gesprächs in Franks Kopf. Er stellt sich ins Licht des Beamers, klatscht in die Hände und sagt: «Thomas. Bevor du Ralph deine Notizen leise zeigst, lies sie doch bitte uns allen vor.»

Thomas deutet zögerlich auf den Platz von Milosz, der noch unbesetzt ist.

Frank spürt, wie erneut diese kleine Wut in ihm emporkocht. Eigentlich kann ihm egal sein, was mit den Teilnehmern geschieht. Sie sind erwachsene Menschen. Dennoch fühlt es sich so an, als würde er von einem unvernünftigen Teenager enttäuscht. Er sagt: «Entweder kommt er noch oder nicht. Es ist sein Führerschein. Wenn er heute unentschuldigt fernbleibt, ist der Lappen weg.»

«Und damit auch sein Job ...», bemerkt Ralph und setzt sich.

Frank entschließt sich, seinen Ärger darüber doch zu äußern: «Ja. Das ist mir unbegreiflich, so was! Und das mit einer kleinen Tochter, die er zu ernähren hat! Aber okay. Thomas, lies uns bitte vor, wie der zuverlässige unter unseren Brummifahrern seine Testrunde gemeistert hat.»

Thomas nickt und beißt noch schnell in einen weiteren Keks, bevor er beginnt: «Also gut: Ralph ... Ich habe mich, das kann ich schon mal vorwegnehmen, bei ihm *stets sehr sicher* gefühlt. Das habe ich hier immer angekreuzt. Dann steht da noch: *Fährt langsam und vorsichtig. Stoppt bei jedem Stoppschild wirklich ab. Tempo immer korrekt.* Ich kann wirklich sagen, dass ich Ralph als Fahrer meine Kinder anvertrauen würde, wenn ich welche hätte.»

«Das kann ich auch über Jutta behaupten», sagt Karin.

«Und unsere junge Konditormeisterin fährt wie ein tibetischer Mönch», gibt Jutta zurück.

Es ist wie immer, denkt Frank. Alle finden sich toll.

«Erst mal Thomas über Ralph», sagt er. «Weiter.»

«Ja, gut, Ralph ist sehr behutsam vorgegangen, hat immer die gesamte Verkehrslage im Blick gehabt und sogar an den guten alten Schulterblick gedacht. Er ist flüssig und vorausschauend gefahren und immer, aber auch wirklich immer, im Tempolimit geblieben.»

Ralph schaut in die Runde und verbeugt sich.

Rainer steckt sich einen weiteren Chili-Kerbel-Keks in den Mund, blickt zu Karin und hebt langsam seinen Jägerdaumen.

In den nächsten 20 Minuten tauschen die Teilnehmer über dem Tisch weitere Kekse und Komplimente aus. Jeder ist in den Augen der anderen so sicher gefahren, dass man sich bei ihm wie früher bei den Eltern unangeschnallt auf der Rückbank schlafen legen würde.

Frank knetet seine Hände, schaut in die Runde wie Günther Jauch in sein Abendpublikum und sagt: «Ein Traum! Ich habe hier nur Engel sitzen. Engel, die Einhörner transportieren.»

Leicht irritiert blicken die Teilnehmer zu ihrem Kursleiter, Keks-krümel in den Mundwinkeln.

Frank fragt: «Würdet ihr euch selbst während der Testfahrt auch so positiv beurteilen?»

«Natürlich», sagt Jutta. «Unter Beobachtung und wenn andere mit-schreiben, fahre ich natürlich brav. Das heißt nicht, dass das im ech-ten Straßenverkehr auch so wäre.»

«Ach, das war letztes Wochenende kein echter Straßenverkehr?», fragt Frank. «Alles nur Kulisse? Hydraulische Fußgänger?»

«Du weißt, was ich meine. Thomas, der hat während der Testfahrt am Samstag sicherlich nicht am Handy mit der Mutter geschimpft, oder?»

«Nein, hat er nicht», sagt Frank und sieht zu Thomas. «Dafür hat er beim Spurwechsel fast jemanden geschnitten, weil ich ihn durch eine harmlose Frage zu seinem möglichen Traumwagen abgelenkt habe.»

«Was habe ich?!», empört sich Thomas wie geplant.

«Das hast du nicht bemerkt», stellt Frank fest.

«Ich aber auch nicht!», sagt Ralph.

«Nein, natürlich nicht. Du hast dich ja auch an dem Gespräch beteiligt.»

Thomas guckt pikiert auf den Tisch.

Ralph schüttelt den Kopf: «Ich habe mich doch viel mehr konzentriert als sonst! Ich war ganz ruhig. Die innere Unruhe, die ich sonst immer habe – die war weg! Wisst ihr, warum? Weil die Testfahrt an dem Vormittag meine Arbeit war. Meine einzige Aufgabe.»

Thomas schnippt mit den Fingern: «Ja, ganz genau! Genauso fühlte sich das an! Nicht, als ob man eigentlich noch was anderes erledigen müsste, während man fährt. Deswegen waren wir doch alle voll bei der Sache!»

Alle nicken. Rainer steht auf, um sich einen neuen Kaffee zu holen.

Jutta hält fragend einen Keks in die Luft.

Karin sagt: «Mandel, Macadamia, Rosinen und achtzigprozentige Schokolade.»

«Thomas, ziemlich zu Beginn deiner Testfahrt. Kurz bevor ich dich nach deinem Traumwagen gefragt habe, als du also noch nicht abgelenkt warst. Da hast du laut ausgesprochen, wie schnell du fährst. Weißt du das noch?»

«Das weiß ich noch! Das waren genau 48 Kilometer pro Stunde. Ich sag ja: In so einer Situation achtet man drauf.»

«Da hast du recht, es waren 48. Das hast du gut beobachtet.»

Thomas nickt zufrieden.

Frank lächelt leise, bevor er feststellt: «Es waren 48 in einer Tempo-30-Zone.»

Jutta hört auf, den Mandel-Macadamia-Rosinen-Keks zu zermalmen.

Thomas runzelt marianengrabentief die Stirn.

Ralph lacht: «Diese breite Straße? Das war doch keine Tempo-30-Zone! Da war doch 50!»

Frank sagt: «Womit bewiesen wäre: Ralph hat es auch nicht bemerkt. Na ja, Ralph, du bist dort trotzdem nur – Augenblick ...» – Frank sieht in seine Notizen – «... 41 gefahren. Immerhin. Jutta war bei 45.»

«Das ist doch wirklich Kokolores!», ruft Jutta, dass die Krümel fliegen. «Das ist eine Gegend, da kannst du einen Airbus notlanden!»

Karin fragt: «War irgendjemand von uns da auf 30?»

Frank sagt: «Du warst am langsamsten mit lediglich 37 süßen Sachen.»

Wortlos blicken alle zu Rainer. Der simuliert einen Unschuldsblick und sieht aus wie ein gutmütiger Papageientaucher.

Frank sagt: «Rainer war nicht schlimmer als ihr. 42. Ganz normal, sozusagen.»

«Natürlich», sagt Rainer. «Ich war ja auch nicht ortskundig.»

Frank sieht den Jäger sehr streng an. Es wird kälter in der Fahrschule. Erschrocken sinken die Dampfmoleküle aus den Kaffeetassen zu Boden. Dieser Abschnitt des Kurses duldet keine Scherze. Es ist wichtig, dass alle begreifen, wie falsch sie sich einschätzen.

«Ich glaube euch allen, dass ihr euch bei der Testfahrt aufrichtig auf die Sache konzentriert habt. Und selbst dabei erzielt ihr solche Ergebnisse! Was denkt ihr, wie euer Fahrverhalten dann im Alltag aussieht? Was denkt ihr, wie ihr wirklich unterwegs seid? Mit den Gedanken an die Schüler und den Onkel oder die Mutter im Kopf? An kommende

Verkaufsgespräche? An die Frau daheim und die guten, alten Zeiten? An den Liebeskummer der Tochter?»

Niemand antwortet. Nur die Heizung versucht glucksend, die Temperatur im Raum zurückzuerobern.

Es ist diese Stelle im Kurs, die bei den Teilnehmern immer, wirklich *immer* zu einem ersten Moment der Erkenntnis führt. Zum ersten Hauch von Skepsis und der Ahnung, dass sie vielleicht doch nicht ganz grundlos hier sitzen.

«Es schlagen bitte alle mal die Seite 14 auf.»

Eine lange, noch unbeschriftete Tabelle.

«Trinkt jetzt gerne wieder Kaffee», sagt Frank. «Und esst Kekse und was ihr sonst essen wollt. So lange, wie ihr braucht, um alle Missgeschicke einzutragen, die euch jemals hinterm Steuer geschehen sind. Mit Punkten. Ohne Punkte. Mit Knöllchen. Ohne Knöllchen. Einfach alles, was euch einfällt.»

Rainer rollt mit den Augen. Frank sieht es aus dem Augenwinkel und versucht, es zu ignorieren.

«Es ist entscheidend, dass ihr euch bewusst macht, wie ihr eigentlich die letzten Jahrzehnte im Auto verbracht habt.»

Karin sagt: «Ob einem das jetzt alles so einfällt? Ich weiß noch, wie mir mal im Wagen eine Käsesuppe ausgelaufen ist ... Also: natürlich, als ich noch stand. Man sollte immer in den Rasthöfen essen. Oder am besten gleich in einem vernünftigen Restaurant.»

Draußen vor der Fahrschule hält ein Wagen. Alle drehen sich um, in Erwartung übergroßer Turnschuhe und eines Trainingsanzugs. Doch Milosz ist es nicht. Frank seufzt.

«Müssen wir das dann auch alles erzählen?», fragt Thomas.

Frank schüttelt den Kopf: «Nicht alles. Nur das Wichtigste.»

Thomas schraubt seinen Kugelschreiber auf und wieder zu.

Rainer blickt von einer Ecke des Raumes in die andere, dann zur Lampe und schließlich zur Yuccapalme hinten an der Wand.

Karin ordnet die Zettel vor ihr.

Jutta sagt: «Wenn ihr alle noch nicht warm seid für die Liste: Soll ich erst noch mal eine Runde erzählen?»

Dankbar wenden sich die Köpfe der anderen ihr zu.

«Meinetwegen», sagt Frank. «Danach machen wir eine Raucherpause, und ich rufe ein letztes Mal unser Problemkind an.»

Juttas Fahrgeschichte:
Die Ampel war grün!

Ampel bei Rot überfahren (ohne Verkehrsgefährdung).
3 Punkte, 90 Euro. (Heute: 1 Punkt, 90 Euro.)

Jutta nimmt einen Schluck Kaffee und erinnert sich. Ein Tag, der so erfreulich friedlich begonnen hatte. Sie räuspert sich und sagt: «Ich befinde mich auf Klassenfahrt, tief im Bergischen Land. Hügel und Wälder. Unsere Schule hat da einen Dauervertrag mit einer Jugendherberge in einem alten Schloss. Die Kids lieben das, auch wenn die harten Jungs es nie zugeben würden. Die finden das alle besser als Reisen in die Großstadt, wo man abends ins Musical geht und die Kinder tagsüber in den Shoppingmalls rumhängen.»

«Das finde ich gut», sagt Karin.

«So. Im Gegensatz zu meinem Kollegen Hermann bin ich eine Frühaufsteherin. Ganz besonders hier, auf der Burg. Nur zwischen sechs Uhr morgens und Frühstücksbeginn hast du einen Moment Ruhe. Und kennt ihr diesen Duft, frühmorgens im Wald? Den müsste Hermann eigentlich auch zu schätzen wissen, der alte Hippie. Aber der schlurft lieber erst zwei Minuten vor Ende der Frühstückszeit in den Speisesaal, die Haare durcheinander und im Grunde noch die Kissenfedern im Bart.»

Thomas lacht: «Wie Herr Wuhlbrock, ein Stammkunde von mir aus dem Schwäbischen. Lässt im Laden immer Bob Dylan laufen und ist der Einzige, der heute noch eingeschweißte 3,5-Zoll-Disketten verkauft. Ist wirklich wahr!»

Frank sagt: «Beim Morgenspaziergang holt man sich keine Punkte.»

Jutta antwortet: «Gleich, Augenblick. Die Geschichte davor ist wichtig! Ich schlendere also am Waldrand entlang, und wen sehe ich knackend aus dem Unterholz steigen? Meinen Schüler Cedric!»

Karin sagt: «Ah, der Stille! Der, der eigentlich sogar Lust auf Schule hat.»

«Genau», sagt Jutta. «Vor allem aber: ein Schüler, der morgens um sechs hellwach ist! Und was macht er? Er versucht, Pilze zu bestimmen! Nicht mit einer App auf dem Smartphone, was ja auch schon keiner machen würde, sondern mit einem kleinen gelben Buch in einem wetterfesten Einband. *Pilze – Finden. Bestimmen. Erkennen.* Ein uraltes Exemplar aus der Dreipunktbuch-Reihe. Ich frage ihn, ob ich mal sehen darf. Er gibt mir das Büchlein. Lang vergessene oder noch nie gehörte Namen wie ‹Ziegenlippe› oder ‹Netzstieliger Hexenröhrling›. Ich schlage die erste Seite auf. Er greift nach dem Buch. Will nicht, dass ich vorne gucke. Auf dem dicken, abwaschbaren Papier ist eine Widmung eingetragen: *Für Dich. Von Papa.* Ich kenne Cedric erst seit ein paar Wochen, aber ich kann sicher sagen, dass er sich nicht verhält wie ein Junge, dessen pilzsuchender Vater noch bei ihm wohnt. Eher wie einer, der gar keinen Vater im Haus hat. Trotz der frischen Waldluft stinken seine Klamotten so, als würde er auf dem Fußboden einer Raucherkneipe wohnen. Ich gebe ihm das Büchlein zurück, und er rauscht zur Herberge ab, als hätte er unsere Begegnung am liebsten nur geträumt.»

«Jutta?»

«Ja?»

«Wann hat das Auto seinen Auftritt in deiner Geschichte?»

«Lass sie doch ein bisschen erzählen!», protestiert Karin. «Das kann sie gut!»

«Kann sie», nickt Frank. «Und wir möchten ihr alle am liebsten den ganzen Tag zuhören, aber wir haben für eure Geschichten nur einen halben zur Verfügung.»

Karin schiebt mit der Rückseite ihrer Hand die Schüssel mit ihren selbst gebackenen Keksen in Franks Richtung: «Nimm dir noch einen Keks …»

Jutta atmet einmal durch. Dass Frank sie hetzt, passt immerhin zu dem Gefühl, von dem sie gleich erzählen wird. Es stimmt sie darauf ein wie eine Schauspielerin.

«Am Nachmittag besichtigen wir eine Tropfsteinhöhle. Die Kids tun so, als würde es sie furchtbar langweilen, um vor den anderen nicht als uncool dazustehen. Außer Cedric, der verliert sich hier unten zwischen den Stalaktiten und Stalagmiten wie bei den Pilzen am Morgen. Ali beschimpft die ganze Zeit Charlène und macht schmutzige Witze über feuchte Höhlen mit harten Stäben darin. Svenja testet das Echo und ruft: ‹Huuurensooohn!› Es funktioniert: ‹Hurensohn, Hurensohn, Hurensohn …› Ali holt sein Handy raus und macht eins von diesen unmöglichen Rap-Liedern an, in dem das Wort ‹Hurensohn› ungefähr tausendmal vorkommt. Charlène kontert mit Helene Fischer. Es könnte so friedlich sein hier unten, aber jetzt tönen atemlos die Hurensöhne durch die Nacht der Tropfsteinhöhle. Ali motzt, Charlène solle die schwule Scheiße ausmachen, und außerdem sei sie ein Ghettomädchen. Charlène fragt ihn, wer von ihnen beiden denn bitte bei den Azzlacks wohne. Ali kündigt an, demnächst ihre Mutter zu ficken. Charlène empfiehlt ihm, lieber wie gewohnt bei seinen Kamelen weiterzufummeln.»

Karin und Ralph schauen Jutta entsetzt an. Thomas schmunzelt, als ob ihm solche Begriffe seltsam vertraut wären. Rainer schüttelt nur den Kopf und denkt sicher wieder an die Steuerverschwendung für Pädagogen an staatlichen Schulen. Frank klopft sachte auf seine Armbanduhr.

Jutta sagt: «Nach wenigen Sekunden plärren in der Höhle immer mehr Handys durcheinander, und alle brüllen sich grundlos an. Ich denke: Man kann nirgendwo mehr ansetzen. Sie sind alle für immer verloren. Ich will ins Bett – für ein, zwei Jahre. Hinter der nächsten Kurve höre ich das laute Seufzen meines Kollegen Hermann: ‹Heilige Janis Joplin, stehe uns bei! Haftbefehl oder Helene Fischer! Das ist die

Wahl, die wir heute haben! Ich will sterben!› Die Hurensöhne und Helene im Ohr sehe ich ebenfalls auf mein Telefon, weil ich wissen will, wie lange wir schon hier unten sind. Das Display verkündet sechs verpasste Anrufe. Rufnummer unbekannt. Ich stutze. Wer ruft mich in einer Stunde sechsmal an? Zwei Kurven weiter geht es bergauf zum Ausgang. Die ersten Schüler rennen darauf zu. Hermann ruft: ‹Licht! Geht nicht in das Licht!› Die Schüler verstehen den Witz nicht, aber mein Kollege amüsiert sich prächtig. Mein Telefon hat wieder Empfang und vibriert. Noch ein verpasster Anruf. Hermann blinzelt in den klaren Berghimmel und zieht seine Blechdose mit Zigaretten aus der Brusttasche. Die restlichen Schüler strömen aus dem Höhleneingang wie freigelassene Fledermäuse. Svenja stellt sich auf eine Sitzbank, den rechten Fuß auf dem Mülleimer daneben, und überschaut die Schülerschaft wie Napoleon sein Schlachtfeld. Sie fragt, wo Ali und Charlène seien.»

«Oh-oh …», sagt Rainer und grinst.

«Ich gucke. In der Tat. Die beiden fehlen. Hermann seufzt schwer und steckt seine Zigaretten unverrichteter Dinge wieder in die Tasche. Ich sage, er solle ruhig seine Zigarettenpause machen. Ich würde noch mal reingehen, um die beiden zu suchen. Cedric bietet an, mich zu begleiten, was mich ein bisschen rührt. Seit der Sache mit dem Pilzbuch heute Morgen ist er mir aus dem Weg gegangen. Er fragt, ob wir heute Abend im Burghof ein Lagerfeuer machen würden, schwenkt dabei seine Taschenlampen-App durch die Höhle und erhellt die beiden Köpfe von Ali und Charlène, die sich seit Wochen gegenseitig als Ghettoschlampe und Kamelficker beschimpfen. Jetzt beschimpfen sie sich nicht mehr, weil sie mit den Zungen den Rachen des jeweils anderen erforschen. Entsetzt darüber, erwischt worden zu sein, reißt Ali sich von Charlène los und will Cedric das Telefon wegnehmen. Der schwört, kein Bild gemacht zu haben. Ali schwört, ihn aufzuschlitzen, sollte das nicht stimmen. Charlène ist schon auf dem Weg nach draußen. Ich gehe hinter den beiden Jungs, um sicherzustellen, dass sie die Höhle lebendig verlassen. Wieder unter freiem Himmel sagt Cedric tatsächlich keinen Ton darüber, was er drinnen gesehen hat, macht aber den Fehler, ganz sachte zu grinsen. Ali ist zu dumm, um es auf sich beruhen zu lassen, und schubst ihn so heftig, dass Cedric ins Straucheln gerät und mit den Händen vorwärts auf den Asphalt vor der Höhle fällt. Der Asphalt ist rau und grobkörnig. Ich blaffe Ali an, ob er sie noch alle habe. Cedric rafft sich auf und läuft einfach weiter. Will keinen Streit. Sagt sich innerlich wahrscheinlich: Pilze und Lagerfeuer. Pilze und Lagerfeuer. Pilze und Lagerfeuer. Nur lässt Ali es immer noch nicht dabei bewenden. Er wurde beim Knutschen erwischt und meint, er müsste jetzt den ganz Harten raushängen lassen. Er verkündet, bald auch Cedrics Mutter ficken zu wollen, was ja auch angemessen sei, da sein Vater das nicht mehr mache. Das ist zu viel. Cedric bleibt stehen und dreht sich um. Keine Pilze und kein Lagerfeuer mehr in den Augen. Nur Hass. Nicht Zorn oder Wut, sondern echter, unbändiger Hass. Ohne zu zögern, geht er auf Ali los und schlägt ihm die Faust ins Gesicht. Ali schreit. Ich schreie. Svenja filmt. Charlène filmt. Alle filmen. YouTube kann schon mal Speicherplatz freimachen. Hermann wirft seine Genusskippe auf den Boden und geht herzhaft mit seinen langen haarigen Armen dazwischen. Mein Telefon klingelt. Ich gehe ran und blaffe: ‹Wer ruft denn da immer an, verfluchte Scheiße?!› ‹Äh, Jutta?› Es ist Onkel Ludwig. Seine Stimme klingt ungewöhnlich klar. Das ist nicht unser Telefon von zu Hause. Deswegen auch sechsmal unbekannter Anrufer. Ich frage ihn, wo er sei. Er antwortet, er befände sich im Krankenhaus, ich solle mir aber keine Sorgen machen, er habe ihn sofort löschen können, den Brand.»

Karin wirft die Hände vor den Mund. Frank lehnt sich wieder in seinen Stuhl zurück, als wollte er sagen: Meinetwegen. Dann eben kein Fahrkurs mehr. Dann eben Juttas dramatische Doku-Soap.

Jutta sagt: «Ich frage Onkel Ludwig, von was für einem Brand er rede, und er gibt zu, beim Braten erst die Pfanne und dann die Wolldecke in Flammen gesetzt zu haben, mit der er das Feuer ersticken wollte. Ich denke: Man kann nicht mehr wegfahren. Unterwegs töten sich die Schüler gegenseitig, und daheim fackelt der Onkel das Haus ab. Onkel Ludwig sagt, ich solle mir keine Sorgen machen, die Küche werde bereits repariert. Ich bringe beide Informationen zusammen. Onkel? Im Krankenhaus! Unser Haus? Verwaist ... aber es ist jemand da, der darin arbeitet! Onkel Ludwig sagt, da der Dondrup immer noch im Urlaub sei, habe er dafür den netten Handwerker engagiert, den er neulich so unhöflich vor der Tür stehen lassen musste. Dem er nicht mal einen Kaffee rausgeben durfte. Dem habe er jetzt unsere Schlüssel gegeben. Und er sei auch direkt gekommen, sagt Ludwig, mit zwei Helfern und einem Lkw.»

Ralph schüttelt ungläubig den Kopf.

Frank lehnt sich wieder vor, als ahne er, dass es nun endlich in den Straßenverkehr geht.

Jutta spürt, wie trotz des Kaffees und der selbst gebackenen Plätzchen die Aufregung von damals wieder in ihr aufsteigt.

«Ich lasse das Telefon sinken. Mein Kollege Hermann hat alle Hände voll zu tun mit den beißenden und schnappenden Jungs, aber er sieht mir an, dass auch irgendwo anders eine Katastrophe abläuft. Er braucht nicht mal auszusprechen, dass ich fahren soll. Ich drehe mich um und renne zu meinem Wagen.»

Thomas fragt: «Ich dachte, ihr seid von der Burgherberge aus mit dem Bus zur Höhle gefahren?»

Jutta antwortet: «Ein Auto ist immer zusätzlich dabei. Für Notfälle. Also, eigentlich für Notfälle mit Schülern statt mit Onkeln.»

Frank sagt: «Und jetzt hagelt es Punkte, nehme ich an?»

«Ich habe zu Hause einen Notfall!»

Selbstverständlich haben alle Menschen, die im Straßenverkehr auffällig werden, zu Hause einen dringenden Notfall, der ihnen das Recht zu verleihen scheint, genauso fahren zu dürfen wie die Polizei. Der absolute Notfall ist die Steigerung der bereits bekannten Ausrede «Ich muss dringend nach Hause!». Bei «dringend nach Hause» herrscht bloß Zeitnot. Bei «Notfall!» herrscht Lebensgefahr. Dieser Notfall ist, wie jeder Verkehrspolizist auf Nachfrage zu berichten weiß, die mit weitem Abstand häufigste Begründung für massive Geschwindigkeitsübertretungen im Straßenverkehr. Das Tragische daran ist, dass sie viel häufiger stimmt, als man annehmen möchte. Ein Zustand vollständiger Sorgenfreiheit in der Familie und im Freundeskreis, ein Gleichgewicht, bei dem gerade niemand krank ist, niemand Dummheiten macht und niemand von drängenden Problemen in Schieflage gebracht wird, trifft viel seltener ein, als dass Chaos herrscht. Und natürlich schreit dieses Chaos nach der unverzüglichen, nicht aufzuschiebenden Anwesenheit des alle Tempolimits überschreitenden Rasers.

Wann die Ausrede legitim ist …

Ob der Notfall nun zu Hause, bei einem Patienten oder im Wagen selber stattfindet – er bildet die legitimste aller Ausreden. Wann man mit ihr durchkommt, regelt nicht (!) die Straßenverkehrsordnung, sondern § 16 des Ordnungswidrigkeitengesetzes. Er lautet: «Wer in einer gegenwärtigen, nicht anders abwendbaren Gefahr für Leben, Leib, Freiheit, Ehre, Eigentum oder ein anderes Rechtsgut eine Handlung begeht, um die Gefahr von sich oder einem anderen abzuwenden, handelt nicht rechtswidrig, wenn bei Abwägung der widerstreitenden Interessen, namentlich der betroffenen Rechtsgüter und des Grades der ihnen

> drohenden Gefahren, das geschützte Interesse das beeinträchtigte wesentlich überwiegt. Dies gilt jedoch nur, soweit die Handlung ein angemessenes Mittel ist, die Gefahr abzuwenden.» Ob sie es war, ist jedes Mal eine Einzelfallentscheidung. Als legitimen Notfall in Fällen massiv überschrittenen Tempolimits beurteilten Gerichte beispielsweise den Noteinsatz eines Hausarztes (OLG Hamm, 2001), die Not-OP eines Facharztes (OLG Bayern, 1990) und einen Pkw-Fahrer, der einen Lkw-Fahrer davor warnte, dass seine Ladung sich gerade selbständig zu machen drohte (OLG Köln, 1994).

«Ich kann euch gar nicht beschreiben, was in diesem Moment in mir vorgeht», sagt Jutta. «Das ist, als wäre man ganz allein auf der Welt. Als gäbe es niemand anderen, der die Probleme lösen kann. Ich hätte die Polizei anrufen und denen sagen können, dass mein verwirrter Onkel einem fremden Mann die Schlüssel zu unserem Haus gegeben hat, der vielleicht gar kein echter Handwerker ist. Aber dann denke ich daran, wie viel Zeit ich durch die Diskussion mit den Beamten verlieren würde. Welche Fragen auf mich zukämen. Ob mein Onkel zur Herausgabe des Schlüssels genötigt worden sei. Ob der Handwerker regulär seine Dienste in den *Gelben Seiten* anbiete. Ob ich dächte, sie hätten sonst nichts zu tun. Mittlerweile sitze ich im Auto und trete aufs Gas. Zur Autobahnauffahrt ist es nicht weit, aber wahrscheinlich breche ich jetzt schon alle Regeln. Ich achte auf kein einziges Schild. Es könnte Tempo 30 sein oder auch 50, aber ich brettere mit 75 durch den Ort. Bete, dass kein Blitzer an der Straße steht. Rechne aus, wie viel die zehn Prozent Kulanz wären, die man hat, obwohl die vorne und hinten nicht reichen würden. Spüre, wie ich jetzt schon sauer werde auf den Gesetzgeber und alle Beamten im Ministerium, die keinen Onkel zu Hause sitzen haben, der fremden Männern den Schlüssel gibt, damit sie mit dem Laster vorfahren und das Haus ausräumen können.»

«Überwachung», sagt Rainer und spielt mit einem Keks. «Du brauchst Kameraüberwachung am Haus und Zugriff mit dem Smartphone.»

Er entsperrt sein Telefon und hält es hoch. Jutta guckt. Alle gucken. Man sieht Rainers Vorhof, Rainers Wohnzimmer und Rainers Büro. Im Vorhof steht ein Hund, den man nicht im Dunklen und nicht im Hellen treffen will. Im Wohnzimmer hängt der riesige Kopf eines Hirsches an der Wand. Jutta glaubt, im Büro ein altes, gerahmtes Wahlplakat von Franz Josef Strauß zu erkennen.

«Du brauchst natürlich ein gutes Passwort. Sonst hacken dir die Albaner die eigenen Kameras und beobachten dich im Wohnzimmer.»

«Wieso denn wieder die Albaner?», regt Karin sich auf.

«Bist du Rassistin?», schießt Rainer zurück.

«Wieso denn ich?! Du hast doch gerade …»

«Weil du Albanern offensichtlich nicht zutraust, klug genug zu sein, um dein Telefon zu hacken.»

Karin schnappt nach Luft: «Das ist ja wohl, also … Ich kriege hier einen Rappel!»

«Schluss damit!», sagt Frank. «Wir sind bei Jutta.»

Jutta schüttelt den Kopf und erzählt weiter: «Ich komme auf die Autobahn. Endlich freie Fahrt. Linke Spur. Vollgas. Das heißt bei meinem Kia: 150 Sachen und dabei eine Lautstärke, als würde sich das Auto am liebsten von innen entschalen. Egal. Ich muss nach Hause.»

«Oh Gott, das kenne ich!», sagt Karin. «Meine Großmutter lag im Sterben. Meine Mama rief mich an. Ich soll nicht rasen, hat sie gesagt. Vorsichtig fahren. Überleben. Wenn ich es nicht schaffen würde, würde ich es eben nicht schaffen. Oma hätte ja auch nichts davon, wenn ich auf der Autobahn umkomme. Ja, sicher! Von wegen! Mit 170 bin ich in Richtung meiner sterbenden Oma gedonnert.»

Jutta reißt die Hand hoch: «Eben! Genau das ist es! Diese Scheißregeln, die natürlich alle ihren Sinn haben, sind doch nicht für das Leben gemacht! Wenn es zur Sache geht! Wenn alles auf dem Spiel steht! Sicher kann man sich an Tempolimits halten und auf Zebrastreifen und Vorfahrt achten und all den Kokolores. Wenn man Zeit hat! Aber doch nicht, wenn einem jemand stirbt oder sie einem die Bude ausräumen!!»

«Jawoll!», sagt Rainer und haut mit der flachen Hand auf den Tisch. Ralph und Thomas nicken kräftig und Karin klatscht in die Hände. Ha, das fühlt sich gut an, denkt Jutta, wir alle gegen den Fahrlehrer! Gegen das Gesetz! Frank macht sich Notizen.

«Zehn Minuten ballere ich auf der linken Spur, da werden plötzlich alle langsamer», erzählt sie. «Also, alle auf der linken Spur und auf der mittleren. Rechts ist frei. Kennt ihr das? Diesen absoluten Schwachsinn? Das macht mich wirklich rasend, also im wörtlichen und im übertragenen Sinne. Da verlangsamt sich aus irgendeinem Grund der Verkehr, aber rechts fährt einfach keiner! Was soll denn die Scheiße?»

Zustimmendes Klopfen. Wie eine galoppierende Herde. Bald sind Dellen in den Tischen.

«Was mache ich? Ich fahre natürlich auf die rechte Spur. Was machen die anderen? Bleiben links und in der Mitte, aber langsamer als ich! Rechts ist frei, mindestens für einen Kilometer! Also fahre ich an diesen Idioten, die mit 115 auf den anderen Spuren rollen, rechts vorbei. Ich überhole sie nicht, ja? Ich schere nicht wieder vor ihnen ein! Ich fahre nur rechts schneller als die links. Aber wenn die auch meinen, sie müssten alles verstopfen!»

«Richtig so!», sagt Rainer.

Frank schüttelt den Kopf.

Rechts überholen auf der Autobahn

Zu den größten Fehlannahmen deutscher Autofahrer gehört jene, dass man auf der rechten Spur schneller fahren dürfte als langsame Verkehrsteilnehmer auf den Spuren links von einem und dies nicht als Überholen auf der falschen Seite gilt, solange man nach diesem Vorgang nicht vor ihnen wieder einschert. Rechts schneller zu fahren, ist auf der Autobahn nur dann erlaubt, wenn der Verkehr im Rahmen einer Stauung so zähfließend geworden ist, dass sich die gesamte Kolonne auf allen Spuren nur noch in Schrittgeschwindigkeit oder knapp darüber über den Asphalt schiebt. In diesem Fall darf man die Spuren so nutzen, wie es der optimalen Platzverteilung dient. Endet die rechte Spur in einigen hundert Metern und die anderen Verkehrsteilnehmer sind alle schon auf die linkeren Spuren gefahren, ist es im Sinne eines besser fließenden Verkehrs sogar sinnvoll und erwünscht, auf der rechten Spur bis zum Ende an ihnen vorbeizufahren und sich erst dann einzuordnen. Verwandeln sich gestrichelte Spurmarkierungen in durchgezogene Linien, sodass etwa die Abbiegespur von den restlichen Spuren auf diese Weise getrennt wird, darf man auf ihr natürlich auch schneller fahren als der Verkehr links von einem, jenseits der durchgezogenen Linie. Im Stadtverkehr stellt das Springen auf den Spuren und somit auch das Überholen rechts kein Problem dar, solange man dabei die Abstände beachtet und seine Absichten rechtzeitig per Blinker ankündigt.

«Ich also rechts vorbei, ohne einzuscheren. Da muss man doch denken, die kapieren langsam, dass sie links entweder schneller fahren müssen oder dass sie nach rechts sollten, nicht ich! Aber nichts. Die bleiben so langsam, wie sie sind. Also springe ich irgendwann doch in die Lücken. Zickzack über die Bahn. Atemlos durch den Tag.»

«Danke», sagt Frank und sieht von seinen Notizen auf.

«Wofür?»

«Für die Ehrlichkeit.» Er winkt mit dem Kuli zwischen den Fingern, schüttelt ihn und haucht auf die Mine: «Erzähl weiter!»

«Tja, irgendwann hilft auch das Hin- und Herspringen nicht mehr. Vor mir entsteht Stau. Alle Spuren sind zu. Warnblinklichter. Ein Schild kündigt eine Ausfahrt in 1000 Metern an. Ich gebe ins Navi ein, dass es ohne Autobahn weitergehen soll.» Jutta schaut zu Frank: «Wieder ehrlich sein?»

Frank neigt den Kopf: «Ich bitte darum.»

«Ich warte die 1000 Meter nicht ab, sondern fahre über die Standspur an der Schlange vorbei und von der Autobahn ab.»

Rainer sagt: «Richtig so!»

Frank notiert.

Jutta sagt: «Jetzt wird alles noch schlimmer. Ich muss über die Dörfer. Da kannst du gleich laufen. An einer vergammelten Bushaltestelle hält so ein Bürgerbus, ein klappriger Kleintransporter mit einem schorfhäutigen Rentner als Fahrer, den der einzige Fahrgast in 20 Kilometern Umgebung auch noch extra vorher anrufen muss. Ich weiche dem Teil aus und hupe. Fluche. Ich weiß, 120 Kilometer bis nach Hause brauchen ihre Zeit, selbst mit Vollgas. Selbst wenn ich die ganze Strecke über 240 fahren könnte, bräuchte ich immer noch 30 Minuten bis nach Hause. Aber da müsste ich eigentlich in fünf, ach was, da müsste ich jetzt schon sein! Es ist komisch – man weiß: Das geht nicht. Und versucht es doch.»

«Das ist sehr gut gesagt», meint Frank und schreibt mit, als wollte er es eines Tages in einem Buch zitieren.

«Wieder ein Dorf. Ortseingang. Nur Apotheken. Und Kneipen. Kneipen und Apotheken. Wenn nichts mehr geht auf dem Land, gehen immer noch Bier und Pillen. Ich bremse ab auf 70, sogar auf 60. Vor mir eine enge Stelle zwischen schiefem Fachwerk. Hinter dem Nadelöhr öffnet sich der Blick wieder. Links ein breiter Kirchplatz, rechts die Freiwillige Feuerwehr und in 50 Metern eine Ampel. Sie springt gerade auf Gelb. Und was haben wir damals gelernt? Man muss sich entscheiden! Entweder bremsen oder beschleunigen, aber nicht halbherzig draufzueiern. Also gebe ich Gas!»

DIE BELIEBTESTEN AUSREDEN DER VERKEHRSSÜNDER

«Im Zweifel muss man bei Gelb beschleunigen!»

Alle Menschen, die im Straßenverkehr auffällig werden, sind davon überzeugt, dass ein Gelbsignal im Zweifel immer die Aufforderung zum herzhaften Gasgeben darstellt, und zwar besonders im Stadtverkehr. Das Gegenteil ist der Fall. Im Zweifel muss man bei Gelb abbremsen. Paragraph 37, Absatz 2, der StVO definiert das Gelbsignal nämlich so: «Vor der Kreuzung auf das nächste Zeichen warten». Die Dauer der Gelbphase hängt von der zulässigen Höchstgeschwindigkeit auf der jeweiligen Straße ab. Bei 50 km/h beträgt sie drei Sekunden, bei 60 km/h vier Sekunden und bei 70 km/h fünf Sekunden. Hat man innerhalb dieser Spanne ausreichend Zeit zum Anhalten, muss man das auch tun. Steht die Ampel bereits seit 2,5 Sekunden auf Gelb und man ist trotzdem weiter auf sie zugebrettert, sollte man keine Vollbremsung hinlegen: Ein Auffahrunfall, der dadurch provoziert wird, stellt als «gefährlicher Eingriff in den Straßenverkehr» eine Straftat dar. Man sollte sich allerdings fragen, wieso man die ganzen 2,5 Sekunden der Gelbphase überhaupt weitergebrettert ist. Hat man nicht gesehen, wie lange schon Gelb war, gilt wieder: Im Zweifel anhalten.

Wann die Ausrede legitim ist ...

Nie. Punkt.

«Ich rutsche also über die Ampel, und die Gasthöfe und Kirchen machen links und rechts wieder Privathäusern mit Vorgärten Platz. 200 Meter vor mir sehe ich bereits den Ortsausgang. Links Wald, rechts Felder und endlich wieder Tempolimit 70, also für mich in dieser Notlage ungefähr 130, da höre ich hinter mir eine Sirene und sehe Blaulicht im Rückspiegel. Der Polizeiwagen überholt mich und hat sein Display auf dem Dach eingeschaltet: *Bitte folgen*. Ich denke: Das darf doch nicht wahr sein! Vor meinem inneren Auge sehe ich, wie der fremde Mann in unserem Haus meinen Schmuck und das Bargeldversteck findet. Der Polizeiwagen biegt in einen Feldweg und … Frank, wieder ehrlich?»

Frank nickt.

Jutta sagt: «Für eine halbe Sekunde überlege ich, einfach geradeaus weiterzurasen. Aber dann biege ich doch ab und öffne das Fenster. Der Beamte sagt, ich hätte gerade bewusst eine rote Ampel überfahren. Ich glaube, ich höre nicht richtig. Rot? Und auch noch bewusst? Ich empöre mich und sage: ‹Die Ampel war grün!› Sicher, ich weiß, dass ich bei Gelb rüber bin, aber rot war sie definitiv nicht! Das könnt ihr mir glauben, so wahr ich hier sitze – bei diesen großartigen Keksen mit Ingwer und geschmolzener Zartbitterschokolade!»

Karin verbeugt sich.

Frank schreibt und schüttelt den Kuli.

«Fang!» Thomas wirft ihm einen Stift zu. «Gelroller! Geht aufs Haus! Sieh's als Produktprobe!»

Jutta sagt: «Der Polizist sagt, ich solle ihn nicht für dumm verkaufen. Sie hätten mit dem Wagen auf dem Vorplatz der Freiwilligen Feuerwehr gestanden und alles genau gesehen. Die Ampel sei schon gelb gewesen, als ich Gas gegeben habe, und knallrot, als ich drübergefahren bin. Ich erkläre den Beamten, was zu Hause los ist. Dass gerade ein Einbruch ablaufe, also sehr wahrscheinlich. Dass ich einen leicht dementen Onkel hätte, der leutselig Schlüssel verteilt. Der

Beamte glaubt mir nicht, ich hätte ja eben schon bei der Ampel gelogen. Ich halte ihm mein Telefon hin und biete ihm an, im Krankenhaus anzurufen. Der Beamte sagt, ich solle in Ruhe aus dem Wagen steigen, damit wir das Ganze wie erwachsene Menschen zu Protokoll bringen könnten. Er wolle wirklich keinen Zwang anwenden müssen. Keinen Zwang! Allein diese Formulierung, was für ein Kokolores! Aber gut, das zeigt mir, wie ernst er es meint. Also füge ich mich fluchend und denke mir: Das war's. Schmuck weg. Geld weg. Geräte weg. Das Einzige, was der Mann, der gerade unser Haus ausräumt, stehen lässt, obwohl er einen Lkw dabeihat, wird das alte, tonnenschwere Brockhaus-Lexikon sein. Aber wahrscheinlich sieht er selbst da noch bei eBay nach, ob die Ausgabe Sammlerwert hat. Er hat ja jetzt Zeit.»

Phänomen der Autofahrerseele: das gewünschte Wurmloch

Der Mensch ist ein Fluchttier. Laufen die Dinge in seinem Leben nach Plan, hält er sich an die Regeln. Gerät seine Welt aufgrund eines Notfalls aus den Fugen, sieht er sich sämtlicher Gesetze enthoben. Wer könnte es ihm übelnehmen, wenn gerade ein Kind zur Welt kommt, eine Großmutter die Welt verlässt oder ein Fremder mit Schlüssel sich unbeaufsichtigt im eigenen Haus zu schaffen macht? Eine solche Panik führt einerseits zur kontrollfreien Raserei und andererseits zur moralischen Gewissheit, das Risiko in diesem Ausnahmefall eingehen zu dürfen. Gleichzeitig führt sie zum Aussetzen des rationalen Denkens und der Grundkenntnisse über Mathematik und Physik. Obschon mit überragendem Verstand gesegnet, glaubt der Mensch in derartigen Momenten, er könnte durch Vollgas und das Ignorieren aller Regeln ein Wurmloch öffnen und Strecken, die selbst bei Formel-1-Tempo eine Stunde dauern, in wenigen Sekunden zurücklegen. Und tatsächlich öffnet sich in diesem Zustand ja auch ein Tunnel – nur leider keiner durch Raum und Zeit, sondern einer, der jede Vernunft ausblendet.

Alles richtig gemacht

Frank wuchtet sich aus seinem Stuhl, als würde sich die Schwerkraft der Erde genau unter ihm besonders stark bündeln. Während er aufsteht, klappt er die erste Seite seiner Notizen auf, seine inneren Wetten darauf, mit welchen Fahrertypen er es bei seinen Sündern zu tun hat. Sein Tipp, Jutta in die Kategorie *Die Aggressive* einzuordnen, hält weiterhin stand. Sicher, sie hatte ihre Gründe, zu rasen. So, wie jeder Feldherr seine Gründe hat, zu kämpfen. Frank weiß nicht mehr, wer es gesagt hat, aber der Spruch bringt es auf den Punkt: Der Weg zur Hölle ist seit jeher mit guten Vorsätzen gepflastert.

Frank reibt sich die Hände und blickt in die Runde. «Und?», fragt er sanft. «Hat Jutta an diesem Tag alles richtig gemacht?»

Noch bevor Frank den Satz überhaupt zu Ende gesprochen hat, lässt Rainer ein Zischen ertönen. Ralph stopft sich zwei Kekse auf einmal in den Mund, um nichts sagen zu müssen. Sogar Karin rollt mit den Augen.

«Aha», sagt Frank. «Es zischt, kaut und rollt … die Frage ist nur: Spricht es auch?»

Rainer sagt: «Natürlich hat Jutta alles richtig gemacht. Was ist denn das für eine bescheuerte Frage!?» Jovial schließt er die Augen ein Stück weit und deutet ein Tätscheln in Richtung Jutta an, als wollte er einem Hund bedeuten, dass er schon alles regeln werde.

Frank tut so, als wäre er über diese Einschätzung erstaunt. In Wirklichkeit kennt er sie aus jedem einzelnen Kurs, den er gibt. Diese Gewissheit der Autofahrer, dass Regeln nur so lange gelten, wie kein Ausnahmezustand eintrifft. «Sehen das wirklich alle so? Karin?»

«Ich war mal unterwegs zur Hochzeit einer alten Schulfreundin. Richtung Braunschweig. 120 Kilometer hatte ich schon hinter mir, als meine Tochter auf dem Handy anruft. Sie weint. Diesmal aber nicht wegen Liebeskummer. Ich höre nur: ‹Zahn! Zahn!› Dann höre ich nichts mehr, weil der Akku alle ist. Da wurde ich schon mal schneller. Mit 140 zur nächsten Autobahntankstelle. Die haben zwar auch einen Rasthof, aber das Häuschen der Tankstelle selber ist so ein winziges Ding wie aus den Siebzigern. Mit Moos auf dem Vordach.»

Ralph lacht: «Ja, kenn ich! Gütersloh Nord. Viele Parkplätze vor dem Hof, aber die Tankstelle ist wirklich seltsam. Könnte 'ne Krimikulisse sein.»

«Ich jedenfalls rein, bitte ums Telefon. Festnetz. Wann kommt das heute noch zum Einsatz? Der Tankwart entwirrt das Kabel. Ich stecke derweil das Handy zum Aufladen in eine Dose. Kriege Lara wieder dran. Sie schreit vor Schmerzen. Ich sage, sie soll sich ein Taxi zu unserem Hauszahnarzt nehmen, ich würde sie schon mal ankündigen. Durch das Geheul erinnert Lara mich daran, dass Samstag ist. Jetzt werde ich hektisch. Mein Handy lädt zwischen den gelben Packungen von TUC-Keksen und den roten der Salzbrezeln. Ich merke, dass meine Süße alleine nichts mehr entscheiden kann. Das kennt ihr doch, wenn man verrückt wird vor Schmerzen. Da braucht man jemanden, der alles regelt. Also sage ich, dass ich gleich wieder anrufe, lege auf, suche mit dem Handy am Stromkabel die Notrufnummer der Zahnarztpraxen in unserer Gegend raus, hacke sie in das alte klebrige Festnetztelefon, winke dem Tankwart nach einem Zettel und Papier, werfe aus Versehen eine Packung TUC aus dem Regal, schreibe den Notdienst habenden Zahnarzt auf und rufe ihn an, der sagt, er könne in einer halben Stunde in der Praxis sein, ich rufe Lara an, nenne ihr die Praxis und sage, ich sei gleich da, werfe dem Tankwart einen Zehner auf das Kleingeldbrettchen, renne zum Wagen, fahre los.»

Thomas sagt: «Und jetzt musst du eigentlich wieder zurück in die andere Richtung, kannst aber erst mal nur weiter die Autobahn entlang, bis eine Ausfahrt zum Runterfahren und Drehen kommt ...»

Karin schnippt mit Daumen und Zeigefinger: «Ja, genau! Das ist das Ätzendste! Du musst nach Hause, kannst aber nicht anders, als dich erst mal noch weiter davon zu entfernen. Während daheim deine Kleine vor Schmerzen schreit! Ja, was denn? Welche Mutter drückt da nicht bis zum Anschlag aufs Gas?»

Jedes einzelne Augenpaar im Raum offenbart tiefstes Verständnis. Eine Gemeinschaft gegen den hehren Theoretiker Frank, die weiß, dass das echte Leben über Regeln höhnisch lacht.

Einerseits ist es frustrierend, denkt Frank, und andererseits ganz wunderbar. So greift ein Lernschritt in den nächsten. Er räuspert sich und fragt: «Karin. Hast du's in 30 Minuten nach Hause und dann mit Lara bis zur Praxis geschafft?»

«Nein. Natürlich nicht. Sie ist mit dem Taxi hin. Als ich ankam, war der Zahnarzt schon fertig.»

«Aber du bist trotzdem gebrettert, als wäre es möglich, 120 Kilometer in 30 Minuten zurückzulegen?»

«Möglich ist das schon ...», sagt Rainer. «Und vor allem ist das verständlich. Du überlegst doch nicht bei solchen Sachen. Die Mutter der Cousine meiner Frau, also deren Tante, lag im Sterben, in einem Pflegeheim, 325 Kilometer entfernt. Als der Anruf kam, sind wir auch mit 225 Sachen über die A45.»

Frank fragt: «Und? Rechtzeitig geschafft?»

Rainer schüttelt den Kopf.

Frank sagt: «Ihr wisst im Grunde alle, dass man es nicht schaffen kann, seid aber trotzdem der Meinung, dass Rasen bei einem Notfall in Ordnung ist?»

«Aber manchmal schafft man es doch!», sagt Thomas. «Da könnt ihr einige meiner Vertreterkollegen fragen. Die kleben mit ihren Audi und BMW nicht ohne Grund die ganze Zeit auf der linken Spur.»

Frank schaut nachdenklich in die Runde. Der Lüfter des Beamers atmet schwer. Zwischen den alten Scheiben der Fahrschule und der Fensterbank löst sich langsam die Isolierung. Auch Thomas' Einwand kommt in jedem Seminar. Häufig untermalt mit den stolzen Anekdoten. Mit dem Porsche in zwei Stunden von Stuttgart nach Hamburg. Von München nach Berlin in viereinhalb. Wahnsinn sei das, sagen die Teilnehmer dann voller Bewunderung und haben es natürlich nie selbst gemacht, sondern kennen die Streckenrekorde nur vom Hörensagen.

«Wo hört das auf?», fragt Frank. Ja, das ist eine der wichtigsten Fragen. «Wo liegt für euch die Grenze, ab der es eurer Meinung nach *nicht* mehr gerechtfertigt ist, die Regeln zu ignorieren?»

Keiner antwortet. Karin spielt an ihrem Stoffarmband herum. Rainer faltet ein Eselsohr in die Unterlagen. Ralph zerbricht aus Versehen einen Keks zwischen den Fingern und sammelt verlegen die versprengten Einzelteile wieder zusammen.

Frank sagt: «Wir hatten jetzt einen potenziellen Einbruch ins Haus, höllische Zahnschmerzen und eine sterbende Mutter. Was ist mit der Fahrt zu einem Bewerbungsgespräch? Darf man da auch rasen?»

Karin schüttelt den Kopf: «Bei Bewerbungsgesprächen geht es nicht um Leben und Tod.»

«Nein?», fragt Frank. «Dann stellt euch mal Folgendes vor: Ein junger Mann, 25 Jahre, ist unterwegs zu einer Firma. Festanstellung als Controller, unbefristet. Bislang hat er seit Ende seines BWL-Studiums immer nur in Zeitverträgen gearbeitet. Aber jetzt: diese Stelle! Das könnte sie sein, die Grundlage für ein erwachsenes Leben! Wenn er diese Stelle kriegt, zieht er mit seiner Freundin zusammen, in ein kleines Haus mit Garten. Ist alles schon geplant. Wenn er die Stelle kriegt, gründet er eine Familie. Sie wünscht sich zwei Kinder. Er ist einverstanden. Zwei plus Hund. Nun steht der Junge im Stau, und es sind immer noch 205 Kilometer bis zum Ziel. Er ist mit satten drei

Stunden Puffer losgefahren, aber die schmelzen gerade dahin wie Eis in der Julisonne. Er wird nervös. Der junge Mann fährt nicht zu einem Vorstellungsgespräch für eine Regieassistenz am Theater. Wir reden hier von der Wirtschaft. Controlling. Da ist Pünktlichkeit alles. Er darf nicht zu spät kommen. Und wenn er diese einmalige Chance verpasst, werden die Kinder, die er haben könnte, niemals das Licht der Welt erblicken. Dürfte der junge Mann also, sobald sich der Stau auflöst, guten Gewissens um das Leben seiner ungeborenen Kinder rasen?»

«Wenn man's so betrachtet», sagt Karin.

«Alles für die Kinder», sagt Jutta.

«Was noch?», fragt Frank. «Geburtstagsfeiern? Jubiläen? Hm? Davon kann auch sehr vieles abhängen. Oder wenn die Exfrau droht: Solltest du diese Feier deiner Tochter auch noch verpassen, dann war's das mit der Kontakterlaubnis?»

Die Köpfe vor ihm wenden sich Rat suchend in alle Richtungen. Nur Thomas schmunzelt, als wüsste er aus irgendwelchen Fortbildungen für Vertreter, was Frank hier gerade treibt. Erkenntnisgewinn durch umgekehrte Psychologie.

Frank sagt: «Wir sind uns also einig, dass es bedeutend mehr Situationen gibt, in denen man die Regeln mit Fug und Recht ignorieren darf, als Situationen, in denen man sie einhalten muss?»

Rainer schaut aus dem Fenster, als bete er den Vogelbeerbusch davor um Beistand gegen jede Form der Pädagogik an.

«Jutta, ich denke, was uns alle interessiert, ist, ob dieser fremde Dienstleister, den Onkel Ludwig ins Haus ließ, euch die Bude leergeräumt hat oder doch nur ein Handwerker war.»

Jutta grummelt: «Ewnuhammwenne.»

«Wie bitte?»

«Ja, gut. Er war nur ein Handwerker.»

Frank grinst.

Rainer richtet den Blick von den Vogelbeeren wieder zu Frank:

«Na und? Was soll die Scheißrhetorik? Der Mann hätte ebenso gut ein Betrüger sein können! Bloß, weil etwas gut geht, heißt es doch nicht, dass die Vorsicht der Porzellankiste die Mutterschaft kündigen darf!»

Ralph schüttelt sich und zeigt auf Rainer: «Der war gut!»

Rainer sagt: «Es gibt Gegenden auf der Welt, da gibt es weder Tempolimits noch Ampeln, und trotzdem überleben alle.»

Endlich, denkt sich Frank. Das Wilde-Länder-Argument! Das wurde aber auch Zeit. Er zwingt sich zur Ruhe und sagt: «Okay. Dann sind hier also alle der Meinung, dass man streng genommen nur dann kein Recht hat, die Verkehrsregeln zu missachten, wenn man gerade mal aus Vergnügen durch die Gegend fährt?»

«Das ist doch jetzt polemisch!», sagt Karin.

«Och», grinst Rainer, «im Grunde hat er doch recht.»

Wenn es diesen Rainer nicht schon gäbe, denkt sich Frank, hätte er ihn engagieren müssen. «Nehmen wir mal an», sagt er, «dass ihr das alle so empfindet. Dann wäre ich jetzt sehr interessiert daran, zu hören, wieso Thomas sich seine Punkte meistens ausgerechnet auf solchen grundlosen Spaßfahrten einfängt!»

Thomas blickt auf. «Ähm, tja ... War nicht eigentlich nach Juttas Geschichte eine Raucherpause angedacht?»

Frank fragt: «Will jemand rauchen, oder wollen wir Thomas hören?»

«Hören.»

«Ja, lass hören!»

Das war Frank klar. Zum einen, weil bei einer Frage, die in dieser Form gestellt wird, fast immer die Option auswählt wird, die sich am Ende des Satzes findet. Zum anderen, weil alle neugierig darauf sind, mehr über Thomas zu erfahren. Schließlich sind hier alle nur Menschen.

Thomas' Fahrgeschichte:
Der Fluchtwagen

Gesperrte Fahrspur befahren. 3 Punkte, 90 Euro, 1 Monat
Fahrverbot. (Heute: 1 Punkt, 90 Euro, 1 Monat Fahrverbot.)

Thomas denkt darüber nach, wieso er diesen Menschen hier die Wahrheit über sein Privatleben erzählen sollte. Alles, aber auch wirklich alles spricht dagegen. Nicht einmal seine treuesten Kunden kennen ihn wirklich und er sie natürlich auch nicht.

Wenn er den alten Tannwald umarmt und mit ihm über seine Söhne und Enkel spricht, dann weiß er, dass der gute Mann beim Plaudern eine Auswahl trifft. Er lügt nicht, er lässt einfach nur vieles weg. So, wie ein gutes Ladenlokal sich durch die Waren auszeichnet, die es gar nicht erst in die Regale packt. Und wenn sie doch schon da stehen müssen, werden sie eben sehr gut dekoriert. Fragt der alte Tannwald zum Beispiel, ob seine Mutter immer noch so vogelverrückt sei, lacht Thomas und malt mit Worten Bilder bunter gefiederter Freunde in einem famosen Volierenzimmer in die Luft. In Wahrheit schlägt Thomas, wenn er nach drei Tagen Dienstreise mit seinem Zweitschlüssel die Wohnung der Mutter betritt, der muffige und zugleich beißende Geruch zu lange nicht gereinigter Käfige schon auf der Türschwelle entgegen. Die Näpfe für Frischwasser und Futter leer, die Einstreu voll mit den Schalen längst verspeister Körner und den Exkrementen der Tiere. Wenn Thomas beim Plaudern mit dem Kunden dann innerlich durch den Kopf geht, wie er hektisch die Vögel rettet, Wasser und Sand auffüllt und Kraftfutter in die Schüsseln gibt, sagt er: «Ich kümmere mich auch gerne um Mutters Tiere. Macht ja Spaß.»

Will der nostalgische Wuhlbrock mit seinen 3,5-Zoll-Disketten aus ihm herauskitzeln, ob es mittlerweile endlich eine bessere Hälfte an seiner Seite gibt, schwenkt Thomas die Kaffeetasse wie James Bond seinen Wodka Martini und sagt: «Sie wissen doch, ich genieße noch meine Freiheit.» Dann lacht Wuhlbrock laut und rustikal, knufft Thomas in die Schulter und bietet ihm noch einen Kaffee an. So läuft das Spiel, und so läuft es gut. Niemand kennt irgendjemanden, denn anderenfalls würden alle verrückt werden.

«Thomas?»

Frank schaut ihn an wie ein Lehrer, der einen Schüler geweckt hat, der auf dem aufgeklappten Buch eingeschlafen ist.

«Ja, hier, geht los ...», sagt Thomas und nimmt noch einen ausgiebigen Schluck Wasser, um Zeit zu gewinnen. Es geht sie alle nichts an, denkt er. Einerseits. Andererseits ist das hier schon so etwas wie eine Therapie. Anonyme Verkehrssünder mit Lebenskrise. Da muss man wenigstens mit einem Hauch Wahrheit rausrücken.

«Also, es stimmt. Wenn ich mit dem Dienstwagen unterwegs bin, verstoße ich gegen keine Regel. Es sei denn, ich gehe ans Telefon, ja. Aber Temposünden? Rasen fürs Geschäft? Niemals. Weil ich im Dienst die Kontrolle habe. Über alles. Ich habe meine Verkaufssätze im Ohr, meine Routinen. Kenne meine Orte, meine Leute, in manchen Hotels lande ich sogar immer im selben Zimmer. Und wenn ich mal eine Produktlinie nicht loswerde, ist das auch kein Beinbruch. An der Kontrolle über die Lage ändert das gar nichts. Nur in meinem Privatleben, da ... Na ja ...»

Frank legt ihm die Worte in den Mund, in einem Tonfall, der für Thomas' Geschmack schon fast zu einfühlsam klingt: «Da ist es mit der Kontrolle nicht ganz so eindeutig.»

Thomas kratzt sich am Hinterkopf. Es geht sie nichts an. Frank alleine würde er es vielleicht erzählen. Eventuell Jutta, mit ihrem bekloppten Onkel. Und Karin. Vor allem Karin. Sie würde niemals einen Vogel hungern lassen. Sie hegt und pflegt Keksteig besser, als Edith den seltensten Papagei umsorgen würde. Er stellt sich vor, wie Karin in aller Ruhe Schokolade schmelzen lässt. Sie sieht nicht aus wie eine Frau, die sich hauptsächlich mit verdichteten Kalorienmassen beschäftigt, ist aber auch nicht hager. Ihre Figur ist so süß und perfekt wie ihre Kekse. Wie eine französische Küstenstraße an einem Frühlingstag: wunderschöne, überall spannende Kurven.

Frank schnippt mit den Fingern.

Thomas sagt: «Manchmal, wenn ich mich um meine Mutter gekümmert habe, dann kann ich nicht einfach nach Hause. Dann muss ich erst mal wieder raus. Nicht geschäftlich. Nur für mich. Für diesen Zweck habe ich ein anderes Auto. Meinen Fluchtwagen.» Thomas grinst schief.

Rainer lacht: «Das ist gut. Fluchtwagen. Das ist richtig gut. Fresse dick? Ab in den Fluchtwagen!»

«Was ist das für ein Modell?», fragt Frank.

«Ein roter Honda CRX Targa von 94. Gebraucht bei eBay geschossen. Auch mit dem rase ich nicht, obwohl man das gut könnte. Das ist aber nicht meine Art, den Fluchtwagen zu benutzen.»

«Welche denn?», fragt Frank.

Es ist peinlich. Aber gut, das kann Thomas in dieser Runde wohl erzählen. Dafür ist er wahrscheinlich hier gelandet.

«Erst mal rolle ich durch unsere Kleinstadt. Fenster runter. Musik an. Heftige Musik. Assige Musik. Manchmal diesen Gangster-Mist, den deine Schüler hören, Jutta.»

Die Lehrerin zieht die Augenbrauen hoch.

«Ich bin dann nicht mehr Thomas, der Vertreter. Auch nicht Thomas, der fürsorgliche Sohn und Vogelpfleger oder überhaupt irgendein Erwachsener. Es ist dann wieder wie mit 16: Ich will, dass die ganze Welt mitkriegt, wie scheiße alles manchmal ist. Gleichzeitig mache ich den Kram nicht so laut, dass die Leute wirklich alles verstehen könnten. Das wäre den fünf Prozent Resterwachsenem in mir dann doch zu peinlich.»

Thomas denkt an den schlechten Hip-Hop, den er in seinem Fluchtwagen laufen lässt, wenn die Hilflosigkeit ihn übermannt. Wenn ein Streit mit seiner Mutter damit endete, dass er die Tür knallte und sich wie der Schuldige fühlte, während er gleichzeitig dachte, dass er im Recht ist und das mit 41 Jahren kein richtiges Leben sein kann. Was er dann hört, um Dampf abzulassen, kann er hier nicht zitieren. Nicht vor Frank. Nicht vor Karin. Diese vulgären, hanebüchenen Vernichtungsphantasien von Männern, denen Thomas in der Fußgängerzone in jedem Fall ausweichen würde. Stattdessen führt er seinen Fahrbericht fort: «Wenn ich dann kurz vor der Zufahrtsstraße zur Autobahn durch das einzige Viertel unserer Kleinstadt fahre, das halbwegs den Namen Ghetto verdient, nehme ich den Rap raus und lege absichtlich Frank Sinatra ein. Dann cruise ich durch die ‹Hood› und freue mich, wenn einer der Gangster am Straßenrand so guckt, als ob er erkannt hätte, was da bei mir läuft. Als ob ich deren Anerkennung bräuchte, den Ritterschlag der harten Kerle.»

FRANKS FAKTENCHECK

Grundloses Grollen

Paragraph 30 der StVO hält bereits in Absatz 1 klar fest: «Unnützes Hin- und Herfahren ist innerhalb geschlossener Ortschaften verboten, wenn andere dadurch belästigt werden.» In der Praxis ist die Frage, ob eine Fahrt tatsächlich unnütz ist, schwer zu klären. Nur wer etwa wie die jugendlichen Angeber am berühmten Kölner Ring den ganzen Tag offensichtlich im Kreis fährt, lenkt die entsprechende Aufmerksamkeit der Beamten auf sich. Ebenso, wer bei der «Benutzung von Fahrzeugen [...] unnötigen Lärm und vermeidbare Abgasbelästigungen» verursacht (ebenfalls Paragraph 30, Absatz 1). So ist es ausdrücklich verboten, «Fahrzeugmotoren unnötig laufen zu lassen und Fahrzeugtüren übermäßig laut zu schließen.» Wer also ohne echtes Ziel durch die Gegend cruist, dabei aber an keiner Stelle zweimal vorbeifährt, wird unterm Strich weniger auffallen als jemand, der eine gutbürgerliche Feiergesellschaft nach Hause gebracht hat und beim zehnminütigen Abschiedsritual vor dem Mehrfamilienhaus um 2:35 Uhr stoisch den Motor weitergrollen lässt. So oder so erwarten alle Lärm- und Abgasbelästiger lediglich Geldstrafen von 10 bis 20 Euro.

Rainer beugt sich nach vorn: «Eine Zwischenfrage. Wie viele Vögel hat deine Mutter mittlerweile? Zwei? Drei? Vier?»

Thomas rutscht die Wahrheit heraus: «34.»

Ein Raunen geht durch die Runde.

«Wellensittiche, Nymphensittiche, Stanleysittiche, Zebrafinken. Verteilt auf 11 Käfige. Darunter ein Montana Madeira I auf Beinen. Zwei Innenvolieren Modell Villa Casa und einige auf breite Regalbretter gestapelte Ferplast Canto. Die waren damals im Angebot.»

Ja. Jetzt schweigen sie betreten. So ist es nämlich, wenn man die ganze Wahrheit auf den Tisch packt.

«Irgendwann habe ich dann von der Stadt genug und fahre meinen Fluchtwagen auf die Autobahn. Da geht die Ablenkung vom Stress anders vonstatten. Fenster wieder rauf, harmlose Musik an und einfach fahren.»

Thomas überlegt erneut, ob er sagen soll, was ab Tempo 120 durch seinen Kopf geht. Wenn der wütende Thomas den Platz mit dem traurigen Thomas tauscht. Dem, der den Sittich Paddington neulich unten im Gemeinschaftsgarten beerdigen musste, weil seine Mutter ihn wie erwartet nicht zum Tierarzt gebracht hatte. Dem, der den Sittich begrub, während seine Mutter vier Stockwerke über ihm über den Balkonrand guckte, weil es ihr «zu viel» war, die Treppe hinunterzusteigen. Dem, der nicht weiß, wie alles so weit kommen konnte. Dem, der hinter der Leitplanke wie in einem flackernden Super-8-Film im Schnelldurchlauf sein Leben ablaufen lässt.

«Auf der Autobahn kann ich gut nachdenken. Lasse mir vieles

durch den Kopf gehen. Als ob eine Ausfahrt weiter die Lösung wartet. Und wenn nicht, dann halt bei der nächsten. Ich schaue mir die Schilder an und denke mir zum 20. Mal: Ach ja, östlich von hier liegt diese große alte Zeche. Ich lese die Namen polnischer oder bulgarischer Webseiten auf den Planen grauer Laster. Alles bei Richtgeschwindigkeit. Auf der Autobahn ist es bei mir vorbei mit dem Macho-Kram. Da werde ich melancholisch und nehme Rücksicht. Mache Platz und ziehe sofort rüber auf die linke Spur, wenn ich sehe, dass rechts einer auffahren will.»

«Oh Gott!», pustet Rainer. «Die liebe ich, diese Leute. Haben selber nur 100 drauf, aber wechseln aus Rücksicht die Spur. Da kannst du auch direkt einen Bremsklotz auf die Bahn schmeißen.»

Thomas protestiert: «Ich weiß noch, wie das ist, wenn einen keiner einscheren lässt.»

«Och, du armes Ding!»

«Sag mal, was hast du eigentlich für ein Problem?»

Thomas spürt, wie sich Hitze in seiner Brust sammelt. Er denkt an Bushido, Farid Bang und Haftbefehl. Gerne würde er jetzt ein paar von deren Rap-Beschimpfungen auf Rainer loslassen.

Frank hebt die Hände: «Wir beruhigen uns jetzt alle.» Er zeigt auf den Jäger. «In diesem Fall hat Rainer sogar recht. Einfach unbesehen die Spur freimachen ist keine Rücksicht, sondern Fahrlässigkeit. Hast du dir dabei deine Punkte geholt?»

Thomas fixiert Rainer noch zwei Sekunden. «Nein, die kamen in der nächsten Stadt.»

«Du fährst bis zur nächsten Stadt?»

«Bis zur nächsten wirklich großen Stadt. Da kommt dann, wenn ihr so wollt, Stufe drei der Fluchtwagenfahrt: die ... die Fressorgie.»

Thomas lächelt entschuldigend in Richtung Karin, als er von der Stufe drei erzählt. Davon, wie er mit langem Hals Ausschau nach den Schildern der amerikanischen Schnellrestaurants hält, die auf

25 Meter hohen Masten den gesamten Kranz der Stadt überragen und die Willensschwachen zu sich locken. Davon, wie er sich einlullen lässt von frittiertem Huhn oder Rindfleisch zwischen weichen Weizenbrötchenhälften, die selbst ein Mensch mit einer Allergie gegen Weizengluten gefahrlos essen könnte, da sie wahrscheinlich nur aufgeschäumte Luft und im Labor hergestellte künstliche Glückshormone enthalten. Davon, wie auch seine Sorgen in der teuflisch austarierten Mischung aus Salz, Zucker und Fett verschwinden, sobald er die riesigen Tüten ins Auto gepackt hat und sie hinter dem Lenkrad zu verspeisen beginnt. Davon, dass dieses Zeug sämtliche Gedanken an alle Sorgen der Gegenwart, Vergangenheit und Zukunft verschwinden lassen und den Kopf vollständig leeren kann. Davon, dass er natürlich weiß, dass all das mit Essen nichts zu tun hat, sondern nur eine andere Form von Drogensucht ist.

Karin kann sich ein Lächeln nicht verkneifen. Es scheint ihr gut zu tun, dass jemand sich dermaßen bemüht, seine minderwertigen kulinarischen Ansprüche ihr gegenüber zu rechtfertigen. Als ob sonst immer nur sie selbst es wäre, die glaubt, sich allen anderen gegenüber rechtfertigen zu müssen.

«Stopp mal», sagt Frank. «Hast du gerade gesagt, du packst die Tüten mit dem Fastfood ins Auto?»

«Ja. Braunes Packpapier mit riesigen Eimern drin. Huhn, Dips, Burger. Zeltgroße Tüten.»

«Du isst also in deinem Fluchtwagen auf dem Parkplatz?»

«Nein, während der Fahrt. Und essen kann man das auch nicht nennen.» Thomas kann sich nicht bremsen. «Ich fresse. Ich fresse, während ich durch die Stadt rolle, um mich herum der ganze Trubel. Werfe schmierige Servietten auf den Beifahrersitz, auf dem sowieso schon das Chaos herrscht. Stapele alte Verpackungen im Fußraum. Benutze diese Feuchttücher für die Hände, die riechen, als würde man sich einen Urinstein durchs Gesicht ziehen.»

Und in diesem Augenblick wird Thomas klar, dass sein Protest gegen die Tatsache, dass seine Mutter sich längst aufgegeben hat, sie ihre Wohnung vermüllt und ihre Vögel vernachlässigt, darin besteht, ein rollendes Zimmer erschaffen zu haben, in dem er sich aufgibt, in dem er den Innenraum mit den Knochen und Fleischresten ermordeter und panierter Vögel vermüllt.

Um sich von dieser gruseligen Erkenntnis abzulenken, erzählt er zügig weiter: «Ich also auf den Stadtring. Der Stadtring hat drei Spuren. Über ihnen hängen digitale Anzeigen, von denen die rechte ein rotes X zeigt und die beiden linken zwei grüne Pfeile. In meiner Zehnerbox sind noch fünf Chicken-Nuggets. Jedes ein Stück Vorfreude. Der Wagen stinkt nach Frittierfett. Im Radio berichten sie davon, dass die Wirtschaft schlappmacht. An mir kann's nicht liegen, denke ich. Eine Werbetafel zeigt den Weg zur Shoppingmall. Ich fahre ab. Alleine durch ein anonymes Einkaufszentrum zu schlendern, lenkt mich auch gut ab. An der nächsten Ampel fuchtelt etwas in meinem linken Augenwinkel. Der Mann will, dass ich das Fenster runterlasse. Polizei. Ich soll auf den nächstmöglichen Parkplatz fahren. Schaue mich um. Werde nervös. Weniger wegen der Polizei als deswegen, weil ich mich jetzt nicht blamieren will, erfolglos einen Parkplatz zu suchen. Der Beamte spürt das anscheinend und zeigt schräg über die Straße. Ein riesiger Getränkemarkt. Wie es denn damit wäre. Ich schlängele mich rüber und halte an, die Beamten parken neben mir, ich gebe artig die Hand und schäme mich augenblicklich für den Zustand meiner Karre.»

Karin sieht Thomas nachsichtig an. Jutta sagt: «Für Autos gilt dasselbe wie für Bücher: Wenn sie nicht richtig benutzt aussehen, taugen sie nichts.» Frank macht sich Notizen in seine Kladde.

Thomas erinnert sich weiter: «Der Beamte fragt mich, ob heute Welttag des Huhns sei. Ich quäle mir ein Lachen ab. Rede von Zeitnot. Schwöre, dass ich das nächste Mal nicht am Steuer esse. Der Beamte meint, ich könne so viel am Steuer essen, wie ich wolle, solange ich dabei nicht gemütlich auf einer gesperrten Spur weiterfahre. Ich bin vollkommen perplex. Weiß überhaupt nicht, wovon er redet. Wo habe ich bitte schön eine gesperrte Spur befahren?»

«Ja, genau?», fragt Karin. «Habe ich was verpasst?»

Frank hebt seinen Stift von der Kladde und zeigt an einen Punkt knapp unter der Decke, als ob dort die digitalen Verkehrsleitzeichen hingen: «Die Spur mit dem roten X – Vollsperrung. Dazu braucht es keine Poller oder Bänder.»

Thomas sagt: «Als der Beamte davon spricht, erinnere ich mich an die Anzeige. Irgendwie habe ich ihr überhaupt keine Bedeutung beigemessen. Also sage ich, was wahrscheinlich alle sagen ...»

DIE BELIEBTESTEN AUSREDEN DER VERKEHRSSÜNDER

«Das habe ich nicht gesehen!»

Alle Menschen, die im Straßenverkehr auffällig werden, äußern gegenüber der Polizei, sie hätten das jeweilige fest installierte Schild oder die digitale Anzeige schlichtweg nicht gesehen. Das Schlimme an dieser zweithäufigsten Ausrede nach dem heimischen Notfall ist: Sie stimmt in den meisten Fällen. Digitale Anzeigen werden dabei noch häufiger nicht wahrgenommen als fest installierte Verkehrshinweise, doch das Prinzip ist immer das Gleiche. Überdeckt von Gedanken, Gesprächen oder durch gigantische Junkfood-Gelage schaffen es die Hinweise allenfalls bis auf die Netzhaut, aber nicht tiefer ins Gehirn, wo sie eine Handlung auslösen könnten.

Wann die Ausrede legitim ist ...

Wenn der Verkehrsteilnehmer das Schild tatsächlich nicht gesehen hat, weil es nicht ausreichend gut zu sehen war. Das kommt häufiger vor, als man denkt, und ist gesetzlich geregelt. Laut dem Sichtbarkeitsgrundsatz sind Verkehrszeichen so aufzustellen oder anzubringen, «dass sie ein durchschnittlicher Kraftfahrer bei Einhalten der nach § 1 StVO erforderlichen Sorgfalt schon mit einem raschen und beiläufigen Blick erfassen kann.»

Mag dies alles zu dem Zeitpunkt gegeben gewesen sein, als das Schild aufgestellt wurde, kann sich die Sichtbarkeit im Laufe der Zeit verschlechtern. Bäume wachsen, Blätter sprießen, Farben verblassen, Blech rostet, dichter Schnee bedeckt die Symbole und will in einem harten Winter nicht von selber weichen. Eine weitere Veränderung, welche die Sichtbarkeit eines Schildes auch in den Augen der Justiz beeinträchtigt, ist das stoische Anbringen weiterer Verkehrszeichen drumherum. Stichwort: Schilderwald. Bei mehr als drei Verkehrszeichen an einem Pfosten «kann von einem Verkehrsteilnehmer nicht erwartet werden, dass er die Bedeutung sämtlicher dort angebrachter Verkehrszeichen noch erfassen kann». Ferner muss sich laut StVO «die Unterkante eines Verkehrszeichens in der Regel mindestens 2 Meter über dem Straßenniveau befinden.» Die Kunst der Anbringung und Pflege von Verkehrsschildern eröffnet somit viele Möglichkeiten legitimer Ausreden.

«Die haben doch gelauert!», bellt Rainer aus heiterem Himmel, und bis auf Ralph zucken alle ein wenig zusammen. «Gelauert haben die!»

Frank sagt: «Man kann auch leise schimpfen.»

Rainer ignoriert die Bemerkung: «Thomas, ganz ehrlich? War da was auf der Spur, das eine Sperrung gerechtfertigt hätte? Eine Unfallstelle? Eine Spurverengung in 300 Metern? Irgendwas?»

Thomas überlegt.

Rainer sagt: «Ja, seht ihr? Und dann Bullen in Zivil! Da sollen sie doch ganz ehrlich sein und statt eines roten X direkt ein gelbes Dollar-zeichen auf die Anzeige schalten!»

Jutta nickt, zaghaft.

Frank macht einen Klassenbucheintrag und fragt: «Drei Punkte, 90 Euro? Einen Monat Lappen weg?»

Thomas nickt: «Genau das haben mir die Beamten behutsam beigebracht. Ich habe mich nur noch halbherzig gewehrt, von wegen keine Ortskenntnis und so. Aber mein Wagen, was soll ich sagen? Die leeren Flaschen, die Fastfood-Tüten, die Fleischreste, alles verschmiert, dazwischen CD-Hüllen mit diesen fiesen Fressen drauf. Allein zehn Minuten habe ich gebraucht, um meinen Fahrzeugschein zu finden. Am Ende war ich so fertig, dass ich den Beamten angeboten habe, ihnen noch eine Limo aus dem Getränkemarkt auszugeben. So sieht er aus, der wütende Thomas in seinem Fluchtwagen.»

Phänomen der Autofahrerseele: Flucht nach außen und innen

Der Mensch ist ein Dampfkessel. Er kann eine Menge Druck vertragen, doch irgendwann überhitzt das Gemüt, und es kommt zur Kesselexplosion. Selbstverständlich wird diese im fahrenden Auto ausgelebt, welches sich besonders bei Männern in eine rollende Schaubude verwandelt. Die Konzentration liegt während dieser «Flucht nach außen» nicht mehr auf dem Beobachten des Verkehrs und der Außenwelt, sondern kehrt sich um: Der Fahrer achtet vielmehr darauf, wie die Außenwelt *ihn* beobachtet und ob sie auch angemessen bemerkt, dass er gerade ob des Unrechts der Welt in äußerster Rage ist. Hat der Dampfkessel auf diese Weise ausreichend Druck verloren, führen die dem Ritual zugrunde liegenden Lebensprobleme zur zweiten Flucht, der «Flucht ins Innere». Nun dient das Auto nicht mehr als rollende Litfaßsäule für den eigenen aggressiven Protest, sondern als Kokon, in den man sich samt seiner Gedanken zurückzieht.

Das Wohnzimmer

Fast fieberhaft macht Frank Notizen auf die erste Seite seiner Kladde, wo er mit sich selbst auf die Fahrertypen seiner Teilnehmer gewettet hat. Bei Thomas behält Frank recht, er ist ein *Imponierer*, aber auf vollkommen andere Weise als die, die unter Männern üblich ist. Die meisten, die nur rausfahren, um sich und ihr Auto zu zeigen, entsprechen dem Klischee, das Kinofilme wie *The Fast and the Furious* wiederkäuen. Oder früher *Manta, Manta*. Sie motzen ihre Autos auf und müllen sie nicht voll. Sie wollen angeben, nicht trotzig um Hilfe rufen. Am «Car-Freitag» treffen sie sich an den berüchtigten Hotspots im Ruhrgebiet und stellen ihre Karossen aus. Auf dem Parkplatz des Tuning-Shops D&W an der A40 oder an den uneinsichtigen Ecken der Ruhr-Universität Bochum, die wie eine Parallelwelt zwischen Stadtrand und Lottental liegt. Am Phoenix-See in Dortmund oder rund um den Ring von Unna. Rennen fahren sie viel seltener, als man denkt. Lieber rühmen sie sich mit den illegalen Aufrüstungen ihrer Autos und wundern sich, wenn Beamte, die einfach nur öffentliche Tuning-Foren im Netz durchforsten, mit den Ausdrucken der Fotos in der Hand auf den Platz spazieren und jedes nicht zugelassene Monstrum sofort erkennen. Auch diese Angeber trinken Zuckerwasser, essen Fastfood und hinterlassen so viel Müll wie Festivalbesucher nach drei Tagen *Rock am Ring*. Auf dem Asphalt, versteht sich, nicht in ihren geliebten Fahrzeugen.

Der Kurs schweigt. Entweder, weil sie auf Frank warten oder weil jeder hier spürt, dass bei Thomas große Probleme in der Luft liegen, auch wenn er sie nur zum Teil ausspricht.

In die Stille hinein sagt Jutta: «Also, bei aller Liebe, Thomas, aber 34 Vögel, das geht gar nicht ...»

Auf einen Schlag stimmen alle ein. Die Worte purzeln auf den Tisch zwischen die Kekse und Kaffeetassen wie Geröll bei einem Erdrutsch.

«Genau, das ist unmöglich.»

«Das hält kein Mensch aus.»

«Thomas, es geht uns nichts an, aber offensichtlich braucht deine Mutter Hilfe.»

Frank steht auf und beruhigt die Meute: «Pssst. Ruhe. Ist ja okay. Ich find's gut, dass ihr euch auch darüber Gedanken macht, aber besprecht das bitte nach dem Kurs, falls es Thomas recht sein sollte.»

Die Empörungslawine kommt zum Erliegen. Nur noch ein paar letzte Steine poltern klackernd über den Hang auf die Straße. Karin schaut Thomas mit einem Blick an, als wollte sie sagen: Vögel gehören in die Freiheit. Wie Männer. Thomas bleibt das nicht verborgen.

Direkter Führerscheinentzug

Bei einfachen Verkehrsvergehen, die keinen Unfall nach sich gezogen haben, wird von den Beamten die Anzeige aufgenommen und rund sechs Wochen später bekommt der Verkehrsteilnehmer Post. Sowohl die Zahlung der Strafgebühr als auch die Abgabe des Führerscheins beim heimischen Bürgeramt für die festgesetzte Zeit des Entzugs werden erst dann fällig. Hat der Verkehrsteilnehmer allerdings einen Unfall verursacht und die Anhaltspunkte am Unfallort weisen eindeutig auf einen Verkehrsverstoß hin, der sowieso mit an Sicherheit grenzender Wahrscheinlichkeit den Führerscheinentzug zur Folge haben wird, ziehen die Beamten das Papier sofort ein. Wer im alkoholisierten Zustand oder nüchtern, aber grob fahrlässig einen Unfall verursacht, kann sich dessen beispielsweise recht sicher sein.

Wehrt man sich nicht gegen die Maßnahme, spricht man richtigerweise von einer «Sicherstellung» des Führerscheins. Muss bei der Übergabe Zwang angewendet werden, spricht man von einer «Beschlagnahme». Theoretisch benötigen die Beamten dafür eine Beschlagnahmeanordnung durch einen Richter, die zu diesem Zeitpunkt natürlich noch nicht vorliegt. Verkehrsanwälte raten deshalb dazu, der Herausgabe des Führerscheins zu widersprechen. Das verzögert den Vorgang allerdings nur unerheblich: Eine Beschlagnahme des Führerscheins wird sofort nach dem Vorgang gerichtlich überprüft, und es kommt zu einer vorläufigen Entziehung der Fahrerlaubnis durch das Gericht. Sollte der Verkehrsteilnehmer am Unfalltag von seinem Recht Gebrauch gemacht haben, den Führerschein nicht rauszurücken, muss er das spätestens mit dem Eintreffen des Gerichtsbeschlusses per Post oder via Polizei an der Haustür tun.

Frank konzentriert sich. Eine wichtige Frage steht an, die er an den ganzen Kurs richtet: «Sagt mir mal alle – wieso muss man sich zum Nachdenken über das eigene Leben oder zum Ausleben von Frust eigentlich ausgerechnet das fahrende Auto aussuchen?»

Keiner sagt was.

«Ich meine die Frage ganz ernst: Nennt mir ein paar zwingende Gründe dafür, wieso ihr Krisen ausgerechnet im Auto auslebt?»

«Das liegt doch auf der Hand», sagt Rainer.

«Ach ja?»

«Zu Hause lenken dich die Weiber ab und auf der Arbeit die Kollegen.»

Jutta sagt: «Könntest du mal auf dein Vokabular achten?»

Frank beschließt, dass es besser ist, Rainers Spitzen einfach zu ignorieren, und fragt weiter: «Und man kann nicht einfach spazieren gehen, wenn man frustriert ist? Mit iPod-Stöpseln in den Ohren?»

Ralph spielt mit seinem Ehering.

«Merkt ihr das?», sagt Frank. «Ihr geht alle davon aus, dass das Fahren selbst überhaupt keine Aufmerksamkeit erfordert. Als wäre das Cockpit ein Wohnzimmer, in dem man alles Mögliche machen kann.»

Ralph räuspert sich.

Frank wendet sich ihm zu: «Ralph?»

«Nix.»

«Doch, doch. Du hast was auf dem Herzen.»

«Nein, ist schon gut.»

Frank sagt: «Darf ich raten, was du sagen willst?»

Ralph schaut zur Seite. Sein linkes Augenlid zuckt wieder so stark, als wollte es entkommen und sich an einen anderen Wirt heften.

Frank sagt: «Du willst sagen, ich doofer Theoretiker habe gut reden von wegen kein Wohnzimmer, denn dein Lkw-Cockpit *ist* dein Wohnzimmer.»

Das Auge hört auf zu zucken, sobald Ralph mit dem Schimpfen beginnt. Impulsiv wirft er seine Arme nach vorn: «Ja! Genau! Ihr könnt euch das mit dem Cockpit als Wohnzimmer aussuchen, ihr Sonntagsfahrer! Ganz ehrlich, das regt mich auf, wenn ich so was höre – Entschuldigung, Thomas. Fährt sich da beim Fressen am Steuer unnötige Punkte ein! Was soll *ich* denn machen? Ich *lebe* auf der Straße. Und ich krieg meine Punkte trotzdem nicht, weil *ich* abgelenkt wäre oder *ich* derjenige bin, der Scheiße baut.»

«Nein?», fragt Frank. «Wer baut die Scheiße denn dann? Wieder die Kollegen, die vor dir in die Lücke fahren und den Abstand verkürzen, woraufhin du selbst, wenn hinter dir wieder Platz ist, noch eine halbe Hörbuchlänge weiterfährst, ohne den Abstand wiederherzustellen?»

«Nein ... Andere Kollegen, gegen deren Blödsinn ich wirklich nix unternehmen kann.»

«Bitte, Ralph, erzähl es uns.»

Alle sehen Ralph gespannt an. An die vereinbarte Pause scheint keiner mehr zu denken. Als der Brummifahrer trotzig die Arme vor dem Hemd verschränkt, zeigt Rainer auf Thomas und sagt: «Komm schon, Ralph. Peinlicher als sein Rumgurken mit Rap und Raspelhuhn kann es nicht sein, oder?»

Ralphs Fahrgeschichte: Die Leerfahrt

Lastzug geführt, obwohl das zulässige Gesamtgewicht des Anhängers um mehr als 15 Prozent überschritten war. 3 Punkte, 140 Euro. (Heute: 1 Punkt, 140 Euro.)

Ralph ist stinkig. Die verstehen mich sowieso nicht, denkt er. Und gleichzeitig: Die sollen mich verstehen. Ich bin hier nicht der Böse.

«Okay. Was Thomas vorhin gesagt hat, dieses schöne Gefühl, wenn er seine Füller und Radiergummis verkauft – genau das habe ich, wenn ich bei meinen Abladestellen bin. Ich habe den Hänger voll, gut sortiert, alles läuft nach Plan. Zwei, drei, vier Ziele, du fährst auf den Hof, und schon kommen die Gabelstapler angerauscht. Ich bin in Bayern, da fahre ich gerne, das muss ich ehrlich sagen. Die Berge, das Fachwerk, die Wälder, die Luft. Es gibt noch Schuhmacher dort, uralte Läden, wie meiner einer war. Klar, die Leute sagen immer, das Ruhrgebiet hätte Charme, aber seien wir mal ehrlich: Charme ist nur ein anderes Wort für schlechte Luft und zerschlagene Fensterscheiben. Charme ist da, wo es noch Schuster gibt. Außerdem kann zwischen Bottrop und Duisburg kein Mensch vernünftig rangieren. Das ist fast so schlimm wie auf dem berühmten engen Hof in Hessen. Da gibt es Firmen, die bestellen sich einen Hänger wie meinen, aber ihre Einfahrt liegt in einer spindeldürren Einbahnstraße, die auf beiden Seiten zugeparkt ist. Na, jedenfalls: Bayern. Gute Gegend, prima Luft, alles geht voran. Nach vier Stunden ist der Trailer ratzeputz leer. Ich mache Pause. Die Rasthofgaststätten im Süden sind auch besser als die in NRW. Fast richtige Restaurants. Man kann sich schon vor 11 Uhr morgens Semmelknödel und Braten mit dunkler Soße bestellen.»

Karin sagt: «Das sind wahre Worte! Versucht mal, im Ruhrgebiet ein gescheites Eisbein zu bekommen. Da kann man auch gleich in der Antarktis nach Rosen suchen!»

Thomas sieht Ralph skeptisch an.

«Ja, wir Berufskraftfahrer essen immer gut. Das müssen wir. Du kannst diese Touren nicht auf der Grundlage von klebrigem Formfleisch fahren. Das wäre so, als würdest du uns statt Diesel mit Duschgel gestrecktes E10 in den Tank füllen. Mit Kinderduschgel, nicht mit dem für richtige Männer.»

Rainer lacht und haut auf den Tisch.

Ralph erzählt: «Nach der Pause bekomme ich von der Dispo meine nächste Ladestelle mitgeteilt. Die Dispo, also der Disponent, der aus der Spedition anruft und die Touren einteilt, der ist für uns Fahrer sozusagen Gott. Bei Gott selbst geht man ja auch mittlerweile davon aus, dass er die Welt so eingerichtet hat, wie sie ist, und sich nicht weiter darum kümmert, wie es läuft. Der sagt: So, die Planung steht, die Ressourcen sind da, nun seht mal zu. Genauso macht das der Disponent. Und wenn dann alle unten auf der Erde verzweifeln, ist es nicht sein Problem. Ich sitz jedenfalls wieder im Cockpit, den Magen noch schön warm von Knödeln und Braten, als Gott sagt, die nächste Ladestelle, um meinen leeren Hänger zu füllen, lautet Siegen. Siegen im Sauerland! Ich frag durch den Handyhörer, ob das Gottes Ernst ist, und der antwortet: Ja, schon. Ich soll von München zum Laden der nächsten Fracht ins Sauerland? 515 Kilometer Leerfahrt? Ja, schon. Und die Fracht muss dann wahrscheinlich auch noch nach Bayern zurück. Nein, ins Ruhrgebiet. Ins Land ohne Schuster.»

Rainer unterbricht: «Die schicken euch durch das halbe Land, um die Fracht überhaupt erst aufzunehmen?»

Ralph lacht ein Lachen der Verzweiflung: «Ja. Deswegen fühle ich mich doch so, wie ich vorhin beschrieben hab. Als wär ich die meiste Zeit gar nicht auf Arbeit, sondern immer nur auf dem Weg dorthin. Es ist wirklich wie in der Bibel. Wie heißt der noch, der arme Mann, da? Hier ... der eine, der so geprüft wird?»

Karin sagt: «Echte Semmelknödel kriegt nördlich von Franken nicht mal ein Sternekoch hin.»

Thomas sagt: «Hiob. Der geprüfte Mann heißt Hiob.»

Ralph schnippt mit den Fingern: «Ja, Hiob. Genau. Die Dispo ist der Herrgott, und der Fahrer ist Hiob. Wir sind schicksalsergeben. Das lernst du in diesem Beruf, solange du nicht dein eigener Chef bist. Und das kann sich sowieso kaum einer leisten. Eigener Lastzug und so – das ist Trucker-Romantik. Die meisten von uns fahren für den einen da oben. Da fragst du nicht mehr nach dem Sinn seiner Pläne. Durchgeführt werden müssen sie so oder so.»

FRANKS FAKTENCHECK

Die Weisungen der Disposition

Konflikte zwischen Lkw-Fahrern und der Disposition beschäftigen regelmäßig die Arbeitsgerichte. Viele dieser Streitfälle drehen sich um die Frage von Arbeitszeit, Ruhezeit, Wartezeit und Bereitschaftszeit. Generell gilt: Der Disponent darf dem Fahrer keine Weisungen geben, die eindeutig einen Verstoß gegen gesetzliche Vorschriften beinhalten. Er darf ihn also beispielsweise nicht auf Touren schicken, die bei regulärer Einhaltung der Ruhezeiten zeitlich nicht zu schaffen wären. Hier kommen «Wartezeit» und «Bereitschaftszeit» ins Spiel: Laut Arbeitszeitgesetz muss dem Fahrer die Wartezeit auf Be- und Entladung vor Ort vorher bekannt sein, um als Bereitschaftszeit zu gelten. Sie wäre dann keine Ruhezeit. Das heißt im Umkehrschluss: Ein Fahrer darf nur dann den Tacho auf «Ruhezeit» einstellen und sich für diese Zeitspanne entfernen, wenn er seitens des Werks, in dem geladen wird, überhaupt keine Informationen darüber erhält, wann genau die Ladung fertig ist. Dieser Fall ist allerdings fast nie gegeben, selbst dann nicht, wenn der Fahrer aus Erfahrung weiß, dass ein Werk seine Termine nie verlässlich einhält. Schließlich geht es nicht darum, ob sie für das Beladen drei

Stunden länger brauchen, sondern ob überhaupt gar keine Wartezeiten kommuniziert wurden.

Angenommen, der Fahrer braucht dringend eine offiziell eingelegte Pause, bevor es nach der Beladung weitergeht, weil die Tour, die der Dispo vorschwebt, eine «frische Lenkzeit» erfordert: In diesem Fall kann es geschehen, dass die Dispo ihn anweist, den Lkw ins Werk und den Tacho auf Pause zu stellen, obwohl das Warten auf die Beladung eigentlich Bereitschafts- und somit Arbeitszeit ist. Die unsauber abgesteckten Grenzen dieses Übergangs zwischen Arbeits- und Ruhezeit sowie die verklausulierten Gesetze machen die Lkw-Fahrer zwischen den Weisungen der Disposition und den Paragraphen des Rechts tatsächlich zu modernen Hiobs.

Jutta ist entsetzt über die 515 Kilometer, die Ralph mit leerem Laster zurücklegen soll: «Das kann sich doch nicht lohnen. Das sind doch irre Kosten.»

Ralph schüttelt den Kopf: «Nicht für Gott, äh, den Speditionsleiter. Der kriegt Leerkilometer genauso wie Vollkilometer bezahlt. Und so huschen wir als seine kleinen Ameisen quer über die Erdkugel, mit nichts als heißer Luft im Hänger.»

«Wo also kamen an dem Tag die Punkte her?», fragt Frank.

Ralph ärgert sich ein wenig. Alle dürfen hier in Ruhe erzählen, da wird ausgerechnet er sich nicht hetzen lassen.

«Gemach, Chef, gemach. Du hast dich beschwert, dass wir alle unser Cockpit wie ein Wohnzimmer benutzen? Stell dir einfach mal vor, wie sich das an diesem Tag anfühlt. Du sitzt bei Freising in der Mittagssonne und weißt, deine Ladung ruft im verregneten Siegen nach dir. Das fühlt sich an, als müsstest du mal eben über den Hof, nur dass der Hof 500 Kilometer breit ist. Du hast den Hänger noch leer, also fühlt sich jeder Kilometer schon wieder nicht wie Arbeit an, sondern wie der Weg zur Arbeit, obwohl er die Arbeit ist. Das zieht sich wie Kaugummi. Ingolstadt. Nürnberg. Du hast zwei ganze Krimi-CDs durchgehört und bist erst in Würzburg. Aber mehr als das absolute Minimum an Pause ist dieses Mal nicht drin, denn der Dispo-Gott sagt, dass die Fracht bis heute Abend geladen sein muss. Und da soll ich das Cockpit nicht als Wohnzimmer betrachten? Zu allem Elend gelange ich bei Frankfurt in einen Stau und muss die verlorene Zeit irgendwie einfahren. Andere würden vielleicht rasen bis zum Anschlag. Sich in Lücken drängeln, obwohl das nichts bringt. Ich mach so was nicht. Ich riskier nicht meinen Job. Also spare ich ab Frankfurt an jedem Halt, auch am Toilettenstopp.»

Ralph hält kurz inne, um die fragenden Gesichter zu betrachten. Er schmunzelt. Gleich werden die Zivilistenwangen um einiges bleicher werden.

«Ja, Leute, ergonomisch geformte Urinflaschen gibt's nicht nur im Krankenhaus.»

Karin verzieht das Gesicht.

«Das mein ich eben. Wir sitzen vielleicht hier im gleichen Kurs, aber wir fahren nicht in derselben Welt. Na ja. Wann komme ich nun an, Blase leer und Flasche voll? 30 Minuten zu spät! Die Männer bei der Firma, auf deren Hof ich laden soll, scharren schon mit den Hufen. Gucken mich an, als würde ich ihnen *absichtlich* den Feierabend versauen! Sie knallen mir den Hänger mit Oktabins voll, das sind so riesige, achteckige Verpackungen, in denen sich Plastiksäcke befinden, die mit Granulat gefüllt sind. Habt ihr generell eine Vorstellung von Dichte und Gewicht? Ein ganzer Hänger voll mit, sagen wir mal, gemischter Fracht, ist leichter als einer voll mit Reisekatalogen. Ein ganzer Hänger voll mit Oktabins voller Granulat ... das ist zu schwer. Aber die Jungs hören nicht auf. Machen das Ding bis zum Anschlag voll. Ich frag, was das soll. Der Vorarbeiter sagt, das steht so auf seinem Bogen.»

«Ich folge nur Befehlen.»

Alle Menschen, die im Straßenverkehr auffällig werden, indem sie wider besseres Wissen die Bestimmungen missachten, nutzen die häufigste Ausrede der gesamten Menschheit in allen Zusammenhängen: «Ich befolge nur Befehle.» Oder eben: «Das steht so auf dem Bogen.» In 95 Prozent aller Fälle weiß derjenige, der sich in dieser Weise rechtfertigt, dass die Autorität über ihm mit dem Befehl unrecht hat. Wäre er nämlich selbst überzeugt davon, würde er keine Rechtfertigung von sich geben, sondern eine Brandrede.

Wann die Ausrede legitim ist ...

Gesetzlich wie moralisch nie, außer wenn sich von einem psychologischen Gutachter die eigene Unmündigkeit beweisen ließe. Da man in diesem Fall allerdings den Führerschein im Schlepptau der eigenen Entmündigung zwangsläufig gleich mit verlieren würde, ist diese Strategie nicht zu empfehlen. Die Neurowissenschaft hat allerdings herausgefunden, dass der soziale Druck, den Befehle von oben oder Zwänge eines Kollektivs ausüben, tatsächlich bis in die Elektrochemie des Gehirns hineinwirkt. Patrick Haggard vom University College London konnte experimentell nachweisen, dass die sogenannten ereignisbedingten Potenziale (ERP) im Gehirn von Probandinnen, die Befehle befolgten, schwächer ausfielen als im Hirn von Probandinnen, die eine Entscheidung aus freien Stücken trafen. Einfach ausgedrückt: Die eigene Handlung wird im Gehirn nahezu so verarbeitet, als wäre man an der Sache bloß passiv beteiligt. Befehls- oder Gruppendruck verändert neuronal messbar tatsächlich die Wahrnehmung der eigenen Verantwortlichkeit. Vor Strafe schützen verlangsamte Hirnsignale allerdings genauso wenig wie Unwissenheit.

«Ich überlege kurz, Gott anzurufen, weiß aber, dass das nichts bringt. Er hat entschieden. Er wird nicht zuhören. Eine Stunde brauchen sie, um mir die Kiste vollzuknallen. Noch eine weitere brauche ich, um den Mist anständig zu sichern. Schwitzend klettere ich zwischen den Dingern rum und verzurre, was das Zeug hält. Der Vorarbeiter beschwert sich, weil er den Hof nicht zumachen kann, solange ich draufstehe und im Hänger an den Gurten zerre. Er zischt so komisch, kennt ihr das? So eine ekelhafte Mischung aus pseudokollegial und arrogant? Und dann sagt er, was ich am meisten leiden kann: ‹Das kann nirgendwohin ...›

Meine Nachtruhe mache ich am Straßenrand irgendwo im Gewerbegebiet. Die Höfe an der Autobahn sind um diese Zeit längst voll. Vom Zurren und Zerren und Warten bin ich zu müde, mir noch eine Gaststätte zu suchen, also bleibt's heute Abend bei zwei Snickers und einem Tee. Morgen früh muss ich das Granulat an drei Ausladestellen verteilen. Im Ruhrpott. Ich lege meine Lieblings CD von Håkan Nesser rein und lasse mich in den Schlaf plaudern. Wartet mal, den Garten aus der ersten Szene kann ich auch auswendig nachsprechen: ‹Schwere, unter ihrer Last zusammenbrechende Äste unbeschnittener Obstbäume vereinigten sich in Brusthöhe mit meterhohem Gras, ungepflegten Rosenbüschen und allen möglichen Ranken unklaren Ursprungs zu einem undurchdringlichen Dschungel.›»

Als ihm der Einstieg aus seinem Lieblingskrimi tatsächlich haspelfrei gelingt, ist Ralphs gute Laune wiederhergestellt. Mal abgesehen davon, dass er langsam den Eindruck hat, den Zivilisten wirklich klarmachen zu können, was sein Job erfordert. Jutta nickt respektvoll. Frank schreibt so eifrig mit, als wollte er den Krimi mit dem Gelschreiber plagiieren.

«Morgens um Viertel nach fünf geht mein Wecker. Ich putze mir die Zähne am Feldrand. Der Himmel färbt sich gerade erst dunkelblau. Ich fahre aus dem Gewerbegebiet. Direkt an der ersten Ampel in Richtung Autobahn stellt sich ein Kleinwagen links neben mich, obwohl da gar keine Abbiegespur für die Weiterfahrt geradeaus existiert. Steht einfach kackfrech auf der gestrichelten Sperrfläche, weil er nicht hinter mir warten will, und fährt mit Vollgas an, als die Ampel auf Grün springt. Ein anderer Wagen, der von links aus einer Einbahnstraße kommt, muss ausweichen. Um ein Haar hätte es geknallt. Ich betone noch mal: Wir haben nicht mal halb sechs, und die Straßen sind frei. Aber so etwas seh ich ständig. Die Leute wollen Meter machen, ob's nun voll ist oder nicht. Ich fahre weiter in die Morgendämmerung herein. Die mag ich, und die macht mich traurig. Ich versuche mich daran zu erinnern, wann ich das letzte Mal eine Morgendämmerung mit meiner Beate erlebt habe. Ich glaub, es war an der Nordsee, in so einem Hotel an den Dünen. Wir hatten keinen Wecker an, aber um kurz vor sechs standen wir beide freiwillig in Pyjamas auf dem Balkon und sahen zu, wie der Tag erwachte. Das werde ich nie vergessen, auch die Geräusche. Möwen, Schilfrascheln. Das war vor sieben Jahren. Ich denke also darüber nach, wofür ich hier eigentlich fahre, wenn wir's nicht mal mehr in die Dünen schaffen, da blitzt es neben mir blau. Ein Polizeiwagen überholt mich, das berühmte Display eingeschaltet. Ich folge dem Bulli auf einen ALDI-Parkplatz, der um diese Tageszeit menschenleer ist. Ein einzelner Einkaufswagen liegt auf dem Asphalt, ein paar Meter neben dem Unterstand, in den die Dinger reingeschoben werden. Wie eine Kuh, die man von der Herde getrennt und im Schlaf umgekippt hat. Die Jungs mit den Mützen wünschen mir einen guten Morgen, schauen in die Papiere und sagen: ‹Der Hänger liegt aber ganz schön tief.› Und ich? Tja. Meine Schwäche ist: Ich hab kein Pokerface. Überhaupt keins. Ich schweige, aber mein Gesicht spricht wohl Bände. Gemeinsam fahren wir zur nächsten Eichwaage.»

Phänomen der Brummifahrerseele: die Gottergebenheit

Der Mensch ist ein Diener. Ist er selbst kein Gott oder wenigstens Titan, folgt er den Anweisungen aus der Zentrale, weil sie ihn nährt, versorgt und sein Überleben sichert. Tun, was die Zentrale sagt, ist eine rationale Überlebensstrategie für jedermann. Die Absurditäten, die sie hervorbringt, fallen im Beruf des Brummifahrers lediglich mehr auf. Dabei bringt ihn seine vernunftbedingte Gottergebenheit in eine paradoxe Lage. Einerseits muss er gefährliche und sinnlose Manöver wie tagelange Leerfahrten unter Zeitdruck oder tonnenschwere Überladungen hinnehmen, um seine Existenz zu sichern. Andererseits gefährden die Punkte in Flensburg, die nicht nur er selbst, sondern auch sein Auftraggeber bekommt, seine Existenz. Auf diese Weise zwei gegensätzlichen Instanzen zugleich Untertan, ist die Prüfung, der sich ein Brummifahrer ausgesetzt sieht, sogar schwerer als jene, die Hiob erleiden musste. Dieser musste unterm Strich schließlich nur *einen* Gott zufriedenstellen.

Meter pro Sekunde

«Weiß jeder, wie so eine Eichwaage aussieht und wo man sie findet?»

Keiner antwortet Frank, aber Rainer gähnt, als wäre die Frage beleidigend einfach. Er bequemt, sich zu antworten: «Das sind die großen Bodenplatten mit Stahlrand auf der Zufahrt großer Recyclinghöfe oder auf dem Schrottplatz, damit man unkompliziert das Fahrzeuggewicht vorher und nachher messen kann. Sogar manche Raiffeisen-Märkte haben die auf dem Hof. Es gibt auch welche, da fährt man Achse für Achse drüber, um die einzelnen Achslasten festzustellen.»

Frank bedankt sich.

Rainer schaut auf die Kladde: «Wie? Dafür gibt's keinen Eintrag? Einen guten?»

Jutta wirft einen Keks, den sie gerade genommen hat, in die Schüssel zurück: «Das ist doch jetzt wirklich ein Beispiel für Schikane! Und für Kokolores!»

Frank fragt: «Ist es das?»

Rainer pflichtet Jutta bei: «Er hatte die Ladung extra gut gesichert und außerdem keine Wahl. Glauben die denn, der Mann wäre mit der Überlast wie ein Rennfahrer in die Kurve gegangen? Weißt du, was das ist, Frank? «Weißt du, WAS – DAS – IST? Das ist ein Staat, der alle, die tatsächlich arbeiten, bremst und aufhält, wo er nur kann, während er die Laberköppe und die Besserwisser belohnt! Wieso fahren die Bullen um halb sechs durch die Gegend und achten darauf, ob Ralph zu viel Granulat geladen hat? Die sollten mal lieber darauf achten, dass hier nicht alle Nase lang irgendwo Terroristen untertauchen.»

Karin sagt: «Jetzt geht's hier aber ein bisschen durcheinander!»

Frank erinnert sich an eine gedankliche Eselsbrücke, die er sich mal für die Leitung von Seminaren gemacht hat. Sie stammt wie alle guten Merksätze aus dem Fußball: Ein guter Schiedsrichter lässt das Spiel im Zweifel erst mal weiterlaufen.

Ralph sagt: «Na ja, fragt mal in diesen Tagen Kollegen, die den Brenner oder den Eurotunnel fahren. Wenn die nicht aufpassen, haben sie ganz schnell ungefragt lebendige Überlast im Hänger. Und können sie nicht einwandfrei beweisen, dass sie die Männer nicht freundlich dazu eingeladen haben, nachts ihre Plane aufzuschneiden und sich zwischen den Paletten zu verstecken, kriegen sie eine Anzeige wegen Menschenschleuserei. Das macht dann direkt drei bis vier Monatslöhne.»

«Sag ich doch!», schimpft Rainer. «Und beim Grenzschutz machen die kleinen Jungs in den Uniformen derweil Fortbildungen in diskriminierungsfreier Sprache.»

Karin: «Also, jetzt reicht's aber mit diesen Bemerkungen! Ja, zurzeit wird mit der Political Correctness übertrieben, da sind wir uns alle hier sicherlich einig. Aber bei dir klingt das immer so, als wärst du plötzlich der Unterdrückte, Rainer. Neuigkeit aus der Verkehrsleitzentrale: Das bist du nicht! Du bist ein wohlhabender, groß gewachsener, weißer Mann, im Landstrich verwurzelt, mit Waffenschein, Gewehren und einem riesigen Pick-up mit mauerbrechendem Bullenfänger ausgestattet, einer, der mit sämtlichen Dorfpolizisten und Bürgermeistern der Umgebung wahrscheinlich per du ist. Also hör bitte auf, hier einen auf Opfer des Zeitgeists zu machen! Mann!»

Keiner sagt etwas.

Karin wirkt selbst verblüfft über ihre Standpauke.

Rainer übernimmt Milosz' Rolle und blickt auf seine Schuhe, statt etwas zu erwidern. Ralph folgt Franks Blick, und bevor der die Stille brechen kann, räuspert der Brummifahrer sich und fragt: «Irgendwas von Milosz gehört. SMS?»

Richtig. Frank wollte den Mann ja sowieso noch anrufen. Er schaut pro forma auf sein Telefon, aber er weiß: Da ist keine Nachricht. Der kroatische Trucker verspielt seine letzte Chance.

Ralph sagt: «Gib mal bitte die Nummer.»

Frank hat keine Kurspause ausgerufen, aber der lange Ladungssicherer mit dem zuckenden Auge fordert es so entschlossen, dass Frank ihm sein Telefon mit geöffneter Nummer auf dem Display rüberschiebt. Er hat das Gefühl, dass er auch diesen Spielzug laufen lassen sollte. Ralph tippt Milosz' Nummer in ein kleines wasserdichtes und stoßfestes Tastenhandy, hält es sich ans Ohr und stößt beim Aufstehen seinen Stuhl nach hinten, als auf der anderen Seite jemand rangeht. Während er spricht, quetscht er sich an Karin vorbei und geht in den vorderen Bereich der Fahrschule, wo sich der Schreibtisch und die Tür zur Teeküche befinden. Er spricht laut und kantig, seine Stimme klingt wie ein zerfurchtes Bergmassiv.

«Kollege! Wo bist du? Wir haben Kurs heute!»

Eine kurze Antwort am anderen Ende.

«Ja, wie? Nicht geht? Was geht nicht?»

«Es muss gehen, Kollege! Es muss! Wenn du nicht mehr kommst, kannst du den Führerschein neu machen. Kapierst du das nicht?»

Lauter Protest auf der anderen Seite. So laut, dass erneut alle zusammenzucken, als ginge es um seine eigene Existenz, brüllt Ralph in den Hörer: «Du hast eine Tochter, Mann! Eine Tochter!!!»

Ralph nimmt sein Telefon runter. Milosz hat aufgelegt. Der Trucker wirft den stoßfesten Knüppel quer durch den Raum und wischt einen Stapel Faltblätter von dem kleinen runden Tisch am Eingang. Sie verteilen sich auf dem Fußboden wie bewusstlose Vögel. Dann verschwindet er auf der Toilette und knallt die Tür hinter sich zu. Hohl tönt es aus dem kleinen WC: «Er hat ein Kind. Dieser Vollidiot hat ein Kind!»

Frank klappt seine Kladde auf und erklärt die Wette, die er mit sich selbst auf die Fahrerrolle von Ralph gemacht hat, als endgültig verloren. Dieser melancholische Ex-Schuster, der unterwegs seine Frau vermisst und sich so aufregt, wenn ein fremder Kollege seine Existenz aufs Spiel setzt, ist keiner von den *Nüchtern-Vernünftigen*. Er gehört definitiv zu einer neuen Kategorie: zu den *Rustikal-Romantischen*.

Fünf Minuten später sitzt Ralph wieder am Tisch. Die Faltblätter hat er aufgesammelt. Sein Handy lässt er erst mal unter der Heizung liegen.

«Es ist sein Leben», tröstet Jutta ihn. «Ich kann auch nicht jeden Schüler retten.»

Frank wirft über seinen Laptop eine Grafik an die Wand. Zeit, den Kurs wieder in geplante Bahnen zu lenken.

«Bitte jetzt alle gucken. Wir waren bei Ralphs Überlast ...»

Der Beamer schnauft, als wäre ihm mehr als Licht ohne Inhalt zu viel. Auf der Wand steht die Formel für den Bremsweg:

$$\frac{Geschwindigkeit\ in\ km/h}{10} \times \frac{Geschwindigkeit\ in\ km/h}{10} = Bremsweg\ (m)$$

«So», sagt Frank. «Jetzt werden hier noch mal ganz alte Erinnerungen an den Fahrschulunterricht herausgekramt. Was bedeutet diese Formel, wenn einer mit einem Pkw unterwegs ist und bei 50 ganz normal bremst?»

Thomas zeigt auf.

«Ja?»

«Der Wagen kommt erst nach 25 Metern zum Stehen. 50 durch zehn mal 50 durch zehn ist fünf mal fünf, macht 25.»

«Sehr gut. Und wenn du jetzt 100 statt 50 fährst?»

Thomas überlegt: «Dann sind es zehn mal zehn, also 100 Meter Bremsweg.»

«Sieh an», sagt Frank. «Nur doppelt so schnell gefahren, aber schon viermal so lang, bis der Wagen steht. Rechne es mal mit 60, Thomas.»

Der Vertreter lächelt. Das gefällt ihm. Heute hat er alle Knöpfe am Hemd. Dafür ist es eine Nummer zu klein.

«Sechs mal sechs sind 36 Meter Bremsweg.»

«11 Meter Unterschied! Ganze 11 Meter wegen bloß zehn Stundenkilometern mehr. Macht euch das bitte mal bewusst. 11 Meter – so hoch sind die meisten Einfamilienhäuser nicht. 11 Meter, das sind locker zwei bis drei geparkte Autos. Die können den Unterschied machen, wenn ein Kind plötzlich dazwischen auftaucht.»

«Bei einer Vollbremsung rechnet man die Hälfte», sagt Rainer.

«Das stimmt», sagt Frank, «ändert aber nichts am Verhältnis. Der Bremsweg steigert sich nicht gleichmäßig mit dem Tempo, sondern exponenziell. Und er ist natürlich abhängig von Faktoren wie dem Straßenbelag und dem Gewicht des Fahrzeugs. Ralph ...»

Der rustikale Romantiker schaut auf.

«... der Truck ist nicht bloß bei schlechter Ladungssicherung eine Gefahr. Er ist es auch bei guter Sicherung und Überladung.»

«Jaja, ich weiß ...»

Frank wendet sich wieder an die ganze Runde. Für einen Moment stellt er sich ins Beamer-Licht, und die Formel zeichnet sich auf seinem Hemd ab.

«So. Jetzt noch einen Schritt mehr! Dieser Bremsweg beginnt überhaupt erst ab dem Moment, wo ihr tatsächlich bremst. Die Reaktionszeit ist da noch gar nicht eingerechnet! Die Zeit zwischen dem Augenblick, in dem ihr die Gefahr seht, und dem, wo euer Fuß tatsächlich die Bremse betätigt. Angenommen, ihr fahrt wirklich konzentriert. Blick auf die Außenwelt, Körper und Geist wach. Dann beträgt die Reaktionszeit ungefähr 0,3 Sekunden. Aber wenn ihr im Wohnzimmer sitzt statt im Cockpit – Thomas? Ralph? – dann liegt sie bei einer ganzen Sekunde. Oder mehr. Es können auch zwei sein, wenn man gerade voll von Gefühlen ist oder abgelenkt, weil die Entscheidung zwischen Currysoße und Ketchup ansteht, während man zufällig vier rollende Räder unter sich hat. Also, was meint ihr? Wie viele Meter legt man in einer Sekunde zurück, wenn man 30 fährt?»

Frank wartet die Antwort nicht ab, sondern klickt sich ein Bild weiter: «Keine Sorge, dafür gibt's auch eine Formel.»

$$\frac{Geschwindigkeit\ in\ km/h}{10} \times 3 = m/sec$$

«Das macht bei 30 Kilometern pro Stunde was, Thomas?»

«Kann nicht mal jemand anders?»

Jutta sagt: «Neun Meter. Neun Meter in der Sekunde.»

«Ganze neun Meter», wiederholt Frank. «Genau. Solange ihr noch nicht bremst, rollt ihr bereits ganze neun Meter in der Dreißigerzone. In einer Sekunde! Was ist schon eine Sekunde? Einmal aufs Handy geguckt. Einmal zum Kaffee gegriffen. Eine Nachricht auf dem Handy zu finden oder einen Schluck Kaffee zu trinken, dauert schon zwei Sekunden oder drei. Ein Hähnchenteil essen, den Schädel halb in der Tüte? Vier oder fünf. Das wären 45 Meter zurückgelegte Strecke für ein Stückchen frittiertes Huhn. Auf 45 Metern kannst du einen ganzen Kindergarten niedermähen.»

Langsam machen Franks Rechenbeispiele Eindruck. Sogar Rainer hat begonnen, auf der Titelseite seiner Teilnehmermappe Zahlenspiele zu vollführen. Er trägt eine 50 über dem Strich ein, eine 70, eine 100.

Frank beobachtet es mit Freude. Diese Formelauffrischung funktioniert immer. Eigentlich müsste man die Fahrschule sowieso wiederholen, wenn man richtig erwachsen ist. Wer sie als Teenager besucht, hat ganz andere Dinge im Kopf als die weitreichende Bedeutung von Bremswegformeln.

Karin sagt: «So betrachtet dürfte niemand mehr Auto fahren.»

«Warum?», entgegnet Frank. Er ist ein wenig überrascht, dass ausgerechnet sie widerspricht.

«Weil man sich nach dieser Rechnung keine einzige Sekunde hinterm Steuer erlauben kann, in der man hindurchsieht.»

«Wie meinst du das? Hindurchsehen? Wo hindurchsehen?»

«Na ja, man muss nicht unbedingt aufs Handy gucken oder irgendwelche CDs raussuchen … man kann auch wirklich ganz bewusst Autofahren und trotzdem nicht begreifen, was geschieht. Das lässt sich nur bei Menschen vermeiden, die absolut keine Sorgen haben. Die wirklich den Luxus genießen, so wenig Gedanken im Kopf zu wälzen, dass sie sich ausschließlich auf den Verkehr konzentrieren können.»

«Sollte das nicht normal sein?»

«Ja. Aber ich meine mit ‹Verkehr› nicht nur andere bewegte Objekte. Ich meine, dass man eigentlich alles sehen müsste. Jedes Schild. Jede Anzeige im Auto.»

«Und das geht nicht?»

«Nicht immer.»

Frank ist gespannt. Die Geschichte, die sich hier andeutet, kennt er aus dem Vorgespräch noch nicht.

«Hast du schon mal unterwegs was Wichtiges übersehen, Karin?»

«Aber wie …»

Karins Fahrgeschichte: Leergelaufen

Liegenbleiben wegen Benzinmangels (ohne Verkehrs-gefährdung). Ordnungswidrigkeit, 40 Euro. (Heute: gratis.)

«Ich bin unterwegs. A1, Richtung Heimat. Besuch bei einer Freundin, die es nach Köln verschlagen hat. War ein schöner Tag. Ich habe noch 90 Kilometer vor mir, da ruft mich Lara an. Fragt mich mal, ob sie in der Zwischenzeit wieder mit ihrem Linus zusammen war oder nicht.»

Thomas fragt: «War sie in der Zwischenzeit wieder mit ihrem Linus zusammen oder nicht?»

Karin lächelt. Irgendwas ist anders. Heute riecht Thomas nach etwas. Sie kann nicht genau sagen, was es ist, aber seine reptilienhafte Duftlosigkeit ist verschwunden.

«Mit Lara und Linus verhält es sich wie mit diesen Teilchen in der höheren Physik. Da sagen die Forscher doch, erst wenn man das Teilchen beobachtet, wird sein Zustand überhaupt real. Vorher sieht man's nicht nur nicht, vorher *ist* es auch nicht in diesem oder jenem Zustand. Genauso ist das mit meiner Tochter und ihrem Freund. Guckt man hin, sind sie entweder zusammen oder nicht zusammen. Guckt man weg, kann sich das augenblicklich wieder in einen undefinier-baren Schwebezustand verwandeln. Lara ruft mich also an. Aus dem Schwebezustand ist wieder der Zustand ‹nicht zusammen› geworden. Sie klagt mir ihr Leid, in Heuldeutsch: ‹Lihum, diwewillimimo!› Das heißt: ‹Linus, dieser Vollidiot!› Jetzt habe ich nicht umsonst die wenigs-ten Flensburger Punkte in dieser Runde. Ich nehme mir also vor, die-ses Gespräch nicht während der Fahrt zu führen. Gucke auf dem Navi, wo ich bin. Überlege, wann ich das nächste Mal anhalten kann. Der Rasthof Remscheid ist in der Nähe. Den kann man sich gut merken, mit seinem Steilhang und der Seevetalsperre dahinter.»

Thomas strahlt, als wäre dieser Platz ein auch ihm gut bekannter Urlaubsort. Ralph nickt, halb in Gedanken versunken.

«Meine Tochter schafft noch einen Satz, bevor ich sie bremsen kann: ‹Iwinimminimmiwimiwammamoham!› Wörtlich übersetzt: ‹Ich will nie wieder, nie wieder was mit ihm zu tun haben.› Aber jeder, der eine Tochter hat, weiß, dass es bei solchen Äußerungen auch noch eine Übersetzung der Übersetzung gibt. Und die lautet: ‹Ich will ihn heiraten und mit ihm Kinder machen, verdammt noch mal, tu bitte was dafür, dass das gelingt und er nicht immer so doof und schwierig ist.› Ich sage ihr, dass ich sie gleich zurückrufe, wenn ich angehalten habe. Dann lege ich auf.»

Frank sagt: «Bis hierhin alles richtig gemacht.»

«Ein paar Minuten später fahre ich auf den Rasthof. An der Tankstelle vorbei auf die Parkbuchten neben der kleinen Gaststätte. Dahinter schlängelt sich die Straße steil den Berg rauf. Auf halber Höhe klebt so ein verlassenes Gebäude am Hang, das früher zum Hotel gehörte. Appartements mit Blick auf die Autobahn. Seit Jahren rotten die da ungenutzt vor sich hin, ein Gebäude wie ein alter Baumstumpf. Ganz oben leuchten die Buchstaben des noch aktiven Hotels auf dem Dach. Rechts davon geht's in den Wald.»

«Da gehe ich gerne einfach so spazieren», sagt Thomas. Frank runzelt die Stirn.

Karin erzählt: «Ich steige aus dem Wagen und telefoniere im Gehen. Klettere den Hügel rauf, ganz schmale Stufen, wahrscheinlich schon in den Fünfzigern in die Wiese gehauen. Von den Parkplätzen auf der ersten Terrasse wuchtet sich ein Laster herunter. Lara erzählt mir, wie Linus sie heute Morgen angerufen und zu sich eingeladen habe. Er sei wahnsinnig süß gewesen und habe ganz aufgeregt geklungen. Als wäre *er* es, der Angst hätte, *sie* könnte absagen. Ihm tue leid, wie er sich manchmal aufführe, und er wolle wirklich gerne Zeit mit ihr verbringen. Sie also zu ihm hin, und was findet sie vor? Ihren Linus,

strahlend vor Freude, dass sie vorbeikommt – und ein ganzes Wohnzimmer voller Kumpels, die gerade auf der PlayStation ein Fußballturnier angepfiffen haben.»

«Ach nein ...», seufzt Thomas.

Jutta nickt: «Ja, das hätten die Jungs aus meiner Klasse auch bringen können.»

«Das war so schrecklich für sie, wie ein fünftes Rad am Wagen
danebenzusitzen, während die Jungs spielen. Und Linus hat es einfach nicht gerafft. Der ist sogar enttäuscht gewesen, als Lara bei seinen Siegen nicht gejubelt hat. Tja. Ich bin mittlerweile oben auf dem
Berg angekommen und betrete den Wald. Beruhige sie. Sage ihr, dass
Jungs so sind in dem Alter. Viel unreifer als Mädchen. Erkläre ihr,
dass Linus es tatsächlich nicht böse gemeint hat. Im Gegenteil. Dass er
einfach mit ihr teilen wollte, was ihm Freude macht, und gleichzeitig
um sie werben, wie ein Gorilla, der auf den Busch klopft. Klar wäre
es cooler gewesen, wenn er in einem Boxring gestanden hätte, um sie
zu beeindrucken, aber seine Disziplin ist nun mal Videospielfußball.
Deswegen hätte er auch den Applaus von ihr gewollt. Das war alles ein
Balzen und Werben. Das dämlichste Balzen und Werben, das man sich
vorstellen kann, aber Balzen und Werben.»

«Gut argumentiert», sagt Thomas.

«Und nicht mal unwahr», fügt Jutta hinzu.

«Ja. Ich habe es selber geglaubt. Aber innerlich war ich auf 180.
Dieser Volltrottel. Ich brauche also eine geschlagene Stunde, bis Lara
nicht mehr Heuldeutsch spricht. Auf dem Rückweg, nach dem Auflegen, gehe ich absichtlich an dem maroden Appartementhaus entlang.
Bin immer neugierig, wie's in so Ruinen aussieht. In einem Zimmer
steht immer noch das alte Bett. Ein anderes ist ...»

«... bis an die Decke vollgestopft mit Kartons!», ergänzt Thomas.

«Genau! Hast du ...?»

«Ich kann auch nicht widerstehen, wenn ich dort halte.»

Ralph sagt: «Unter uns Fahrern nennt man es auch das *Bates Motel*.»

Frank sagt: «Gründung des Fanclubs Rasthof Remscheid bitte später!»

Karin fährt fort: «Ich habe also das Gespräch mit meiner Tochter beendet. Und ich fahre trotzdem noch nicht los. Weil ich mich kenne. Weil ich erst mal runterkommen muss. Ich bin wütend auf Linus. Niemand darf meiner Tochter weh tun, bloß weil er so unreif ist wie eine knüppelharte Kiwi. Ich muss was essen, um mich zu beruhigen. Nun bin ich aber leider in Remscheid, und das bedeutet, es herrscht absolute kulinarische Ödnis. Trinkschokolade aus Billigpulver und Currywurst, deren Soße man im Dunkeln als Leuchtmittel verwenden könnte. Ein Jammertal. Ich nehme mir also nur einen Kaffee und ein klassisches Magnum Mandel aus dem Eisfach und fahre wieder los. Ganz brav. Konzentriere mich auf die Schilder und den Verkehr. Tempolimits. Mitmenschen. Das Radio lasse ich bloß leise lispeln. Im Armaturenbrett das sanfte Gelb der Anzeigen. Tempo, Drehzahl, Kilometerstand, Tankanzeige. Das Herzeleid meiner Tochter geht mir nicht aus dem Kopf. Einerseits steht man da als Mutter drüber und weiß: das vergeht. Andererseits kann man sich noch selbst gut daran erinnern, wie sich das als Teenager anfühlt. Ich ziehe mit den Zähnen den letzten Rest Eis vom Holzstäbchen. Schalte. Will einen Lkw überholen, als es mit einem Mal blubbert und pocht. Das Gaspedal zeigt keine Wirkung mehr. Schon halb auf der linken Spur werde ich sogar langsamer! Erschrocken lenke ich auf die rechte Spur hinter den Lkw und fange mir vom nächsten hinter mir eine Lichthupe ein. Ich werde immer langsamer! 65 – und fallend. Der Trucker hupt jetzt nicht nur mit Licht, sondern auch mit dem Horn. Ich drücke ins Leere. Gelbes Licht im Armaturenbrett. 60, 58, 55. Gelbes Licht wie ... die Tankanzeige! 48, 45. Der Laster hinter mir dröhnt, als brülle mich ein Saurier aus dem Weg. Ich mache das Warnblinklicht an und fahre vorsichtig auf den Standstreifen. Während ich ausrolle, wird mir klar: Das passiert gerade wirklich. Ich bin leergelaufen. Klingt vielleicht blöd, aber ich habe mir das nie wirklich vorstellen können. Ich kenne auch keinen, dem das tatsächlich schon mal passiert ist. Klar, der Verstand weiß: Sprit ist endlich. So, wie der Verstand weiß, dass sogar die ganzen Ölreserven des Planeten endlich sind. Oder dass man irgendwann unweigerlich stirbt. Aber seien wir mal ehrlich: Man glaubt nicht dran.»

DIE BELIEBTESTEN AUSREDEN DER VERKEHRSSÜNDER

«Das habe ich nicht gemerkt!»

Alle Menschen, die im Straßenverkehr auffällig werden, äußern gegenüber der Polizei, sie hätten die längst im kritischen Bereich zitternde Tanknadel oder das Warnsymbol für zu wenig Öldruck oder den Hinweis, dringend eine Werkstatt wegen Motorproblemen aufzusuchen, nicht bemerkt. Genau wie bei der Ausrede «Das habe ich nicht gesehen!» bezüglich der Verkehrsschilder oder digitaler Leitanzeigen ist auch das in den meisten Fällen die Wahrheit. Wieder einmal in Gedanken und manchmal auch Sorgen versunken, schauen sie durch die leuchtenden Symbole vor ihrer Nase hindurch, ohne dass ihre Bedeutung bei all den Grübeleien im Hirn noch Platz finden kann.

Wann die Ausrede legitim ist ...

Wer unterstreichen möchte, dass es gar nicht so ungewöhnlich ist, visuelle Warnanzeigen zu übersehen, verweist am besten auf die Firma Continental. Der börsennotierte Konzern hat viel Geld in die Hand genommen, um das sogenannte Accelerator Force Feedback Pedal (AFFP) zu entwickeln. Ein Pedal, das dem Fahrer oder der Fahrerin mittels voreingestellter haptischer Rückmeldungen Signale gibt, beispielsweise durch ein leichtes, wiederholtes Doppelticken als Hinweis für den optimalen Schaltpunkt oder verschieden starken Gegendruck bei dringend zu beachtenden Fehlern. Anlass für die Entwicklung waren Versuchsreihen, die eindeutig belegten, dass eine haptische Meldung schneller erfasst wird als optische oder akustische Signale.

Thomas hat die Ellbogen auf den Tisch gestützt und das Kinn auf beide Fäuste gelegt. Ohne zu blinzeln, hängt er an Karins Lippen. Das gefällt ihr. Sandelholz, denkt sie sich. Irgendwie riecht er heute ein bisschen nach Sandelholz.

Frank hat mitgeschrieben.

Jutta kaut einen Keks.

Ralph schüttelt den Kopf und zischt so sarkastisch, wie es in der letzten Sitzung sein kroatischer Kollege getan hat.

Frank fragt: «Ralph?»

Der hagere Hüne schaut Karin so abfällig an, wie es keiner in der Runde vorher bei ihm erlebt hat. Zwei-, dreimal schüttelt er den Kopf, dann sagt er: «Das ist genau die Scheiße, wegen der wir den Hals so dick haben.»

Karin rückt mit ihrem Stuhl ein Stück von Ralph ab.

«Lass mich raten, was passiert ist. Polizei, Abschleppwagen, 40 Euro. Höchstens. Oder gar nichts!»

Karin traut sich nicht zu antworten.

Ralph wirft die Arme hoch: «Aber *wir* sind die Gefährlichen auf der Straße! Wir! Wann ist das letzte Mal ein Lkw wegen leerem Tank liegen geblieben? Bevor wir losfahren, machen wir selbst bei leerem Hänger so viele Handgriffe wie ein Schiffskapitän. Und ihr? Ihr prüft ja nicht mal zwischendurch euren Reifendruck!»

«Wer ist denn jetzt ‹wir›?», fragt Karin, die langsam sauer wird.

«Na, die Weiber!», ruft Rainer und haut mit der flachen Hand auf den Tisch.

Jutta springt auf.

«Nicht die Weiber», sagt Ralph. «Die Autofahrer! Wir sollen ehrlich sein, hier? Gut! Das ist doch ein Witz, dass für euch Sonntagsfahrer die gleichen Gesetze gelten wie für uns. Die gleichen Punkte. Wo ihr nicht mal ein Hundertstel von dem fahrt, was wir im Jahr zurücklegen. Mit zehnmal so schweren Fahrzeugen! Zum Kotzen ist das!»

«Ach?», sagt Jutta. «Jetzt wollt ihr Sondergesetze, weil ihr länger auf der Straße seid, oder wie?»

Ralph springt auf: «Ja, natürlich! Politiker haben doch auch Immunität, oder wie heißt das? Hier, Thomas, du bist immerhin Vielfahrer. Du müsstest doch auf meiner Seite sein. Wenn diese Pappenheimer hier Punkte kriegen, dann steigen sie in den Zug und haben später was zu erzählen. Wenn wir Punkte kriegen, ist jeder davon ein Sargnagel für unsere Existenz!»

«Ja, dann müsst ihr mal vernünftig fahren, Ralph!»

«Wie denn, wenn verträumte Mütter direkt vor unseren 25 Tonnen auf 48 runtergehen, weil sie nicht mal fähig sind, die Stellung einer Tanknadel zu lesen?»

Karin glaubt nicht, was sie da hört. «Sag mal, weißt du, wie das ist, Kinder zu haben?»

Ralph bekommt rote Ohren. Seine Augen funkeln.

«Keiner hier weiß das!»

Rainer schnauft.

Jutta blafft, als wäre er ein Schüler: «Schnauf da nicht rum! Sag, was du zu sagen hast!»

«Ich habe Kinder. Sind schon groß. Und wisst ihr, was für Kinder gilt? Das Gleiche wie für Steckrüben oder Kartoffeln: Sie wachsen nicht schneller, bloß weil man ständig an ihnen zieht.»

Karin springt auf: «Das ist ja wohl die Höhe! Jetzt bin ich auch noch eine schlechte Mutter, weil es mir nahegeht, wenn meine Tochter Liebeskummer hat?»

«Ja, lass sie doch den Liebeskummer haben. Da muss sie durch. So wie jeder im Leben durch irgendwas durchmuss. Aber nein, das ist ja vorbei in Muttis Betreuungsstaat, hier muss keiner mehr durch irgendwas durch. Schaffen wir die Armee ab! Erhöhen wir den Hartz-IV-Satz! Lassen wir das mit den Noten an der Schule doch einfach sein! Wisst ihr, was passiert, wenn meine Schwester in der Stadt die Haustür ihres Vierfamilienhauses abends abschließen will? Das darf sie nicht mehr! Ist seit neuestem verboten, aus Brandschutzgründen! Ha! Gebrannt hat's dort noch nie, aber dafür standen neulich nachts zwei zwielichtige junge Männer im Hausflur.»

Thomas springt auf: «Ihr hört jetzt sofort alle auf, Karin hier blöd anzumachen!»

Karin starrt ihn an. Wow. Er hat in dieser Runde noch nie die Stimme erhoben. Doch nun brüllte er für sie. Sie mag sich täuschen, aber so schmale Schultern, wie sie vor zwei Wochen noch dachte, hat er doch nicht.

Alle stehen wütend um die Tafel wie kurz vor einer Kneipenschlägerei. Nur Frank sitzt noch, als hätte er diese Situation erwartet.

Sachlich und ruhig, als wäre nichts geschehen, fragt er: «Hast du ein Warndreieck aufgestellt, Karin?»

«Ja. In 100 Meter Abstand.»

«Warnweste angezogen?»

«Ja.»

FRANKS FAKTENCHECK

Die Pkw-Pflichtausstattung

Die folgenden Gegenstände müssen verpflichtend im Wagen mitgeführt werden: ein Verbandskasten mit nicht abgelaufenem Haltbarkeitsdatum in beliebiger Form (Kissen, Tasche oder Kiste); ein Warndreieck; eine Warnweste in rot, gelb oder orange nach DIN EN 471 beziehungs-

> weise EN ISO 20471. Der Führerschein und die Zulassungsbescheini-
> gung, Teil 1, sprich: der Fahrzeugschein.
>
> Sämtliche Gegenstände müssen leicht zugänglich sein. Ein Ersatz-
> rad ist entgegen der landläufigen Meinung keine Pflicht, ebenso wenig
> wie Abschleppseil, Überbrückungskabel oder Parkscheibe. Diese Min-
> destausstattung gilt jedoch grundsätzlich europaweit. Einzelne Staaten
> fordern zusätzliche Pflichtgegenstände wie etwa einen Feuerlöscher
> (Bulgarien und Griechenland) oder einen Alkoholtest (Frankreich).

Die Teilnehmer setzen sich langsam wieder. Thomas beäugt die anderen Männer, als wäre er Karins Bodyguard.

Sie sagt: «Ich stehe also am Autobahnrand und weiß nicht, was
mich erwartet. Beobachte den Verkehr. Die anderen Leute. Das Drängeln, die Lichthupen, das abrupte Bremsen auf der linken Spur, bevor
Platz gemacht wird. Frage mich, wie wir das alle überleben. Denke
mir: Was wird gleich kommen? Ein Punkt? Zwei Punkte? Drei Punkte?
Untersuchungshaft? Ja, ihr lacht! Aber was weiß ich denn? Ich bin
noch nie liegen geblieben. Diese Gefahr vor Augen, konzentriere ich
mich jetzt auf meine Geheimwaffe. Übe. Und hoffe, dass gleich Polizisten kommen und keine Polizistinnen.»

«Die Geheimwaffe? Wie geht die?», fragt Frank.

Karin rückt sich in ihrem Stuhl zurecht, atmet tief ein, schließt die
Augen, hebt die Hände wie eine Theaterschauspielerin, die Ruhe ein-
fordert, beobachtet eine Sekunde lang die Flecken, die das Licht bei
geschlossenen Augen von innen auf den Lidern hinterlässt und öffnet
die Augen wieder.

Jutta sagt: «Meine Güte!»

«Halleluja!», entfährt es Rainer.

Thomas klappt der Kiefer herunter, als er Karin die Augen auf-
schlagen sieht wie eine Mischung aus Katze, japanischem Zeichen-
trickschulmädchen und Jennifer Love Hewitt, bevor sie anfängt, zu

weinen. Die Pupillen sind vergrößert und die Ränder leicht glasig. Die Augenbrauen biegen sich in der Mitte nach oben und bilden über der Nasenwurzel ein umgekehrtes v, wie ein kleines Dach.

«Das ist unglaublich», flüstert Thomas.

«Dafür brauchst du einen Waffenschein», sagt Rainer.

«Lass mich raten», sagt Frank, «die Polizisten *waren* Männer.»

Karin lächelt, und während sie das Augenbrauendach zusammenpurzeln lässt, sagt sie: «Nur eine Verwarnung. Null Euro.»

Ralph sinkt langsam mit der Stirn hinab auf die Tischplatte.

Phänomen der Autofahrerseele: das Hindurchsehen

Der Mensch ist eine Mutter. Oder ein Vater. Ein Bruder. Eine Schwester. Ein Freund. Treibt ihn die Sorge um seine Lieben um, kann er sich noch so sehr darauf konzentrieren, den Verkehr und die Anzeigen im Cockpit im Blick zu behalten – er wird gedankenvoll durch sie hindurchsehen. Im Kopf ist kein Platz mehr für ihre Bedeutung. Dabei ist dem Betroffenen seine Unfähigkeit, wichtige Warnungen wahrzunehmen, überhaupt nicht klar. Wie auch? Wäre sie ihm klar, gäbe es das Problem überhaupt nicht. Wie ein Messie in einer Selbsthilfereportage weiß er zwar, dass nicht mal mehr seine Haustür aufgeht, glaubt aber gleichzeitig, der Passierweg für neue Inhalte wäre frei wie ein frisch renovierter Flur. In Gedanken gefangen, schaut er durch die Anzeigen hindurch, bis der Wagen stottert oder ganz liegen bleibt. Nicht mal in Klartext angezeigte Sätze wie «Dringend Werkstatt aufsuchen!» oder «Sofort anhalten!» richten in diesem Zustand etwas aus. Das sorgenvolle Bewusstsein geht mit Warnungen um wie der überforderte Journalist mit zu vielen Mails im Postfach. Es öffnet die Nachricht, schiebt die Bearbeitung aber auf die lange Bank, selbst wenn zehn Ausrufezeichen im Betreff den Dritten Weltkrieg ausrufen. Immerhin geht es der Tochter schlecht. Da muss alles andere auch mal warten können.

Schaschlikspieß und Pfefferbriefchen

Eine halbe Stunde später sitzen alle in der dunklen *Schlemmerhöhle* und legen die längst überfällige Pause ein. Nun, nach der kleinen Eskalation haben sie sich das redlich verdient, denkt Frank. Diese Explosion, die muss es geben, in jedem Kurs. Lkw gegen Pkw. Frauen gegen Männer. Alle gegen alle. Geht es los, lässt Frank es laufen. Der Frust muss raus. Auch wenn vieles von dem, was Rainer sagt, Frank überhaupt nicht gefällt.

Er erinnert sich an die Worte eines Dozenten bei einer Fortbildung zum Thema Seminarleitung: «Finden Sie gegenüber den Teilnehmern das richtige Maß an Nähe und Distanz. Tendieren Sie von Ihrem Naturell her zu übermäßiger Vertraulichkeit, steuern Sie dagegen, indem Sie die Mittagspause von den Kursteilnehmern getrennt verbringen.»

Das erscheint Frank ein wenig übertrieben. Er wählt den Mittelweg. Die Teilnehmer teilen sich einen Tisch, während er alleine in einer anderen Nische sitzt und mit einigen Papieren Arbeit simuliert. In Wirklichkeit hört er natürlich zu.

«Ein Zigeunerschnitzel mit Pommes», sagt Rainer. Schlemmerhöhlenbetreiberin Brigitte notiert. «Ach, Entschuldigung, warten Sie! Ich meinte natürlich korrekt: ein Schnitzel in der Tradition der Sinti und Roma. Oder noch richtiger: ein nach der Sammelbezeichnung diverser, ursprünglich in Rumänien ansässiger, nomadisch lebender, die von Brüssel erkämpfte innereuropäische Freizügigkeit genießender Volksgruppen benanntes Fleischgericht.»

Karin schüttelt den Kopf.

Thomas flüstert: «Reg dich nicht auf. Rainer bellt nur. Der beißt nicht.»

Karin sagt: «Die, die bellen, stacheln die, die beißen, überhaupt erst zum Beißen an.»

«Ich kann euch hören», sagt Rainer.

Karin fragt: «Sagen Sie, haben Sie wohl auch Kroketten? Oder könnten Sie aus ein paar Kartoffeln wohl eben schnell ein paar echte Reibekuchen machen?»

Brigitte kann nicht. So sitzen alle schon wenige Minuten später vor Fritten, Schnitzeln, Frikadellen und Currywurst, während Karin vorsichtig das erste Stück Fleisch mit Paprika vom Schaschlikspieß zieht, daran schnüffelt und mit den Spitzen ihrer Gabel die Konsistenz prüft. Ohne den ersten Bissen genommen zu haben, schaut sie von ihrer Inspektion auf und sagt: «Wusstet ihr, dass man an Karneval eigentlich nicht mit Bierflaschen, sondern mit Fleischspießen durch die Gegend laufen sollte?»

«Wieso das?», fragt Ralph kauend. Er tut so, als habe es seinen Ausfall gegen Karin vor einer Stunde überhaupt nicht gegeben. Ihr scheint es recht zu sein.

«Weil Karneval von ‹carne levare› kommt, und das heißt ‹Fleisch wegnehmen› auf Lateinisch. Daraus sollen die Leute angeblich den Umkehrschluss ‹carne vale› gemacht haben, also: Lob des Fleisches.»

«Das kann man an den tollen Tagen auch doppeldeutig betrachten», sagt Jutta.

«Fleischlob hin oder her», sagt Rainer und steht auf, «ich gönne mir jetzt erst mal noch was zur Verdauung!»

Eine Minute später kehrt er mit einem kleinen Glas Klarem wieder an den Tisch zurück. Die Eingeborenen neben dem Spielautomaten prosten ihm lächelnd zu. Rainer ist nach ihrem Geschmack.

«Alter, wir haben nicht mal vier Uhr!», stößt Thomas aus, als wäre er einer von Juttas Schülern.

«Eben», grinst Rainer. «Kein Bier vor vier. Von Schnaps ist dabei nicht die Rede.»

Frank fragt sich, ob Rainer eine Reaktion von ihm erwartet. Ende 50 und einen Waffenschein, aber provokant wie ein Teenager.

Rainer lehnt sich zurück und stößt herzhaft auf.

Thomas sagt: «Du musst gleich noch deine nächste Punktegeschichte erzählen.»

«Dreck! Außer sterben muss ich gar nichts, Junge. Und selbst das muss ich nur einmal im Leben.»

Sie sind alle viel zu nett zu ihm, denkt Frank. Als hätten sie nach jeder einzelnen seiner Frechheiten wieder aufs Neue Amnesie. Das kennt er gut. Er nennt es das *Dr.-House*-Phänomen, nach dem fiesen Serienarzt. Nette Menschen enttäuschen ihr Umfeld zutiefst, wenn sie auch nur einmal schlechte Laune haben. Abweisende Zyniker hingegen wirken auf die meisten Menschen wie Väter in den fünfziger Jahren. Ohne es zu wollen, buhlt man um ihre Gunst und fällt vor Dankbarkeit fast vor ihnen auf die Knie, wenn sie von 100 Begegnungen ein einziges Mal freundliche Hinwendung zeigen.

«Komm schon», sagt Jutta, «wir sind neugierig. Du bist doch hier der Punkterekordhalter.»

«Rekordhalter ist der verschwundene Jugoslawe», sagt Rainer.

«Kroate», korrigiert ihn Thomas.

«‹Schaschlik› kommt aus dem Russischen und heißt tatsächlich ‹Fleischspieß›», sagt Karin, die in der Zwischenzeit ein kleines Stückchen probiert hat.

«Wir machen es so», sagt Jutta, «du erzählst die Story wieder in Stichworten. Sagen wir: zehn Stück. Nur zehn Worte, aber so, dass wir begreifen, was passiert ist.»

Rainer schaut rüber zur Theke. Hinter der Glasfront der Auslage stehen weiße Schüsseln mit Salaten, Soßen, Frikadellen und vorpanierten Schnitzeln. Jede Woche landen im Schnitt vier davon in Franks Magen. Seit er hier die Fahrschule betreibt, ist es um seine Ernährung nicht allzu gut bestellt.

Rainer steht auf, holt sich einen zweiten Schnaps, setzt sich wieder und sagt: «Nachbarssohn. Erwachsen. Verlobung. Kränzen. Festzelt. Grillen. Männer. Frauen. Trinken. Fahrrad.»

Zufrieden mit seiner Zehn-Worte-Geschichte kippt er den Kurzen runter. Frank macht sich eine Notiz.

Jutta fasst Rainers Minimalgeschichte zusammen: «Du bist besoffen auf dem Fahrrad vom Kränzen im Dorf nach Hause gefahren und dabei erwischt worden?!»

«1,7 Promille», nickt Rainer und putzt sich gründlich mit der Serviette den Mund ab. «Drei Punkte, 90 Euro und eine verpflichtende MPU.»

«Medizinisch-psychologische Untersuchung?», fragt Thomas. «Du warst schon mal beim Idiotentest?»

«Was denkt ihr, wieso ich auf den Mist hier so viel Bock habe? Aber nützt ja nichts ...»

FRANKS FAKTENCHECK

Alkohol fernab des Steuers

Punkte in Flensburg gibt es nicht nur für Verstöße hinter dem Lenkrad. Wer mit 1,6 Promille oder mehr auf dem Fahrrad erwischt wird, bekommt drei Punkte, eine an der Vorgeschichte ausgerichtete Geldstrafe sowie eine verpflichtende MPU. Auch als Fußgänger kann man sich Punkte einfangen, und zwar dann, wenn man wiederholt und aktenkundig immer wieder gegen die Regeln der Straßenverkehrsordnung verstößt. Wer nur ausnahmsweise bei Rot über die Ampel rennt, auf der Landstraße herumtorkelt, einen Hund leinenlos auf die

Fahrbahn laufen lässt oder ein Stückchen über die Autobahn spaziert, muss lediglich mit geringen Bußgeldern zwischen 5 und 25 Euro rechnen. Selbst, wenn sein Tun einen Unfall zur Folge hat! Wer sich derlei gefährliche Eingriffe in den Straßenverkehr nachweislich zur Gewohnheit macht, muss mit Anzeigen und Punkten rechnen.

«Man fährt nicht besoffen Fahrrad», sagt Ralph. «Das ist genauso ein unnötiger Scheißdreck wie ein leerer Tank auf der Autobahn. Was ist, wenn du mir abends auf dem Drahtesel vor den Laster schlidderst, während ich in deinem Dorf gerade einen Standplatz suche?»

«Du hast dir deinen Standplatz gefälligst auf dem Autohof zu suchen und nicht nachts um zwei über die Dörfer zu brummen.»

«Und du halt mal lieber euer örtliches Taxiunternehmen am Leben!»

«Keine Sorge, die haben genug Kundschaft durch Krankenfahrten. Frag mich nicht warum, aber auf dem Land muss jeder Zweite zur Dialyse.»

Karin legt ihren halb aufgegessenen Spieß zur Seite und sagt: «Ich finde, in diesem Kurs lernt man wirklich was. Man sollte einfach mehr aufeinander achtgeben im Leben.»

Ralph nickt: «Das hast du schön gesagt, Mädchen.»

Rainer stemmt sich aus der Sitzbank, stellt die beiden Schnapsgläser auf seinen krümelfrei kahl gegessenen Teller und sagt: «Was ihr alle angeblich über das Leben wisst, das ist schon ganz großer Sport.» Dann verlässt er die Höhle.

Eine Weile starren alle betreten auf die Tür.

Karin nimmt sich ein Pfefferbriefchen, zieht ihr Smartphone aus der Tasche und tippt etwas ein.

«Was machst du da?», fragt Jutta.

«Ist nur so 'n Spleen von mir», antwortet Karin und dreht ihr Telefon um. Auf dem Display ist das Luftbild einer Stadt zu sehen. Sie hat schon ein wenig herangezoomt. Einige Werkshallen. Auf der anderen Seite der breiten Straße eine Gasse in die Altstadt. Ein Kanal mit Fußgängerbrücken und Anlegestellen für Ruderboote.

«Ich seh mir nicht nur gerne die Orte an, die ich besuche. Ich gucke auch nach, wo Produkte herkommen. Manchmal fahre ich sogar hin und schau mir die Gegend an. Das ist meine Art von Kurzurlaubsersatz.»

Thomas lässt krachend seine Gabel auf den Teller fallen.

«Ehrlich?»

«Ja.»

«Du guckst in Remscheid in die Ruine rein und bei Google Earth, wo sich Firmensitze befinden?»

Karin lacht. Die Begeisterung des Vertreters scheint ihr zu gefallen.

Thomas jauchzt: «Und ich dachte, ich wäre der Einzige mit diesem Hobby!»

Auf dem Weg zurück in die Fahrschule fachsimpeln Thomas und Karin über die Satellitenbilder von Gütersloh, Gerolstein, Garbsen und Gronau.

Ach Kinder, denkt sich Frank, dem Partnervermittlung in seinem Kurs nicht wirklich häufig gelingt, ich wünsche euch viel Spaß beim gemeinsamen Kurzurlaubsersatz. Hoffentlich guckt ihr dann auch auf die Straße.

Dritte Sitzung

Rentner und Einparker

Thomas muss denken, Frank habe ihn nicht gesehen. Dabei ist er schon seit neun in der Fahrschule und sortiert Papiere für die Steuererklärung. Während der Regen draußen halbherzig vom Himmel nieselte, lief der Vertreter wie ein nervöser Tiger die Straße hinab zur *Schlemmerhöhle* und blieb konsterniert vor dem Blechschild auf dem Buntglas stehen: *Geschlossen wegen Ruhetag.* Danach tigerte er die Straße wieder hinauf und mehrfach im Zickzack durch das Viertel, während der Bindfadenregen sein schwarzes Haar benetzte.

Frank fragt sich, was sein Schüler so früh schon in der Imbissbude wollte. Thomas ist heute nicht mit seinem Dienstwagen, sondern mit dem Fluchtwagen gekommen. In der Gasse neben dem winzigen Park mit der Christus-Statue steht der rote Honda CRX. In den Neunzigern war dies das Modell mit den meisten tödlichen Unfällen. Maßgeschneidert für den Geschmack junger Männer, gleichzeitig ab zu hoher Geschwindigkeit aber kaum mehr kontrollierbar.

Er erinnert sich an die Statistik, die er den Teilnehmern ganz zu Beginn des Kurses vorgestellt hatte. Die erstaunliche Tatsache, dass nur 16,6 Prozent aller Fahrberechtigten überhaupt auffällig werden. Das ist wirklich ein Wunder. Wer ganz offiziell in Deutschland gegen Bezahlung Personen befördern möchte, muss für den entsprechenden Schein eine «charakterliche Eignung in besonderem Maße» nachweisen und kann den Lappen weitaus schneller entzogen bekommen als andere. Wer aber ohne Bezahlung sich selbst, seine Familie und seine Freunde durch die Gegend fährt, kann das in jeder Weise und mit jeder erdenklichen Pferdestärke tun und bekommt dafür aus Stuttgart, München, Sakarya oder Swindon fahrende Waffen ohne Waffenschein geliefert.

Zwei Stunden später sind alle da. Alle bis auf Milosz. Frank hat ihn nicht mehr erreichen können. Es fühlt sich an, als habe es ihn und seine kleine Tochter niemals gegeben. Karin hat erneut selbst gemachte Kekse mitgebracht. Heute sind Nüsse das Motto. Seit Karin da ist, wirkt Thomas nicht mehr ganz so aufgelöst wie heute Morgen, doch irgendetwas ist in der Zwischenzeit bei ihm geschehen. Frank sieht in seinen Notizen nach, womit es gleich losgeht. Ralph legt ein Kaffee-Pad in die Maschine. Das leere weiße Rechteck aus Beamer-Licht klebt an der Wand.

«So, ihr Lieben. Die Ziellinie kommt in Sicht. Schlagt bitte mal Seite 18 in der Kursmappe auf!»

Rascheln. Blättern. Schlürfen.

Auf Seite 18 geht es um die Frage, wen man selbst eigentlich für einen «problematischen Verkehrsteilnehmer» hält. Eifrig werfen alle gleichzeitig ihre liebsten Feindbilder in den Raum.

«Rentner!»

«Plötzliche Spurwechsler!»

«Führerscheinneulinge!»

«Biker!»

«Radfahrer!»

«Fußgänger!»

«Spurwechsler, die nur kurz anblinken!»

«Busfahrer mit Gelenkbus!»

«Taxis!»

«Hundebesitzer!»

«DPD!»

«UPS!»

«DHL!»

«Hermes!»

«Standspurfahrer!»

«Spurwechsler generell!»

«Bei-Gelb-Bremser!»

«Leute, die in engen Einbahnstraßen in aller Ruhe einparken.»

«Huper!»

«Lichthuper!»

«Drängler!»

«Schleicher!»

«Menschen!»

Frank lässt das Dauerfeuer ausklingen wie ein schweres Gefecht in einem Siebziger-Jahre-Kriegsfilm. Langsam legt sich der Staub.

«So, so ...», sagt Frank.

«Jetzt geht das wieder los ...», raunt Rainer.

Frank lässt sich nicht beirren: «Was fällt euch bei der Aufzählung auf?»

Karin sagt: «Wie jetzt? Bei der eben? Hat denn einer mitgeschrieben?»

«Ich», sagt Jutta.

«Donnerwetter!», sagt Ralph.

Jutta studiert ihre Notizen in Steno und sagt: «Die Hälfte davon sind Leute im Dienst. Paketboten. Busfahrer. Taxifahrer.»

«Hm», sagt Frank. «Das meinte ich nicht, ist aber interessant. Was noch?»

Rainer sagt: «Keiner hat Jäger genannt. Oder Geländewagenfahrer. Das finde ich schon mal löblich.»

Frank ist froh, dass sie nicht von selbst darauf kommen. Wenn immer alle Schüler von selbst auf etwas kämen, wäre der Lehrer unnötig. Er setzt sich an den Laptop und öffnet eine Word-Datei, die im Beamer-Licht an der Wand erscheint. «Diktier es mir mal, Jutta.»

Jutta diktiert.

«Rentner, plötzliche Spurwechsler, Führerscheinneulinge, Biker, Radfahrer, Fußgänger, Spurwechsler, die nur kurz anblinken, Busfahrer mit Gelenkbus, Taxis, Hundebesitzer, DPD, UPS … Paketdienste, Standspurfahrer, Spurwechsler generell, Bei-Gelb-Bremser, Leute, die in engen Einbahnstraßen in aller Ruhe einparken …»

«Stopp!», sagt Frank. «Bis hierher. Lest noch mal drüber. Was fällt euch auf?»

Ralph sagt: «Dass wir selber nicht vorkommen. Keine Lkw-Fahrer, keine Vertreter, keine Mütter.»

«Das ist schon mal eine Erkenntnis. Was noch?»

Die Schüler schweigen.

Rainer hustet.

Frank sagt: «Gut. Schauen wir genau hin. Problematische Verkehrsteilnehmer sind für euch zum Beispiel Rentner. Aber auch Greenhorns. Leute, die in aller Ruhe parken. Fußgänger. Leute, die den Hund Gassi führen. Was haben die gemeinsam?»

«Sie nerven.»

«Sie passen nicht auf.»

«Sie sind doof.»

Frank seufzt. Aber nur nach außen. Innen denkt er sich: Jetzt sehe ich sie gleich wieder, die großen Augen, wenn ich mit der Pointe komme.

Jutta sagt: «Herr Lehrer, Ihre Mühen in Ehren, aber die Schüler kommen nicht von selbst drauf.»

Langsam und mit Nachdruck sagt Frank: «Alle Personen, die ihr für problematische Verkehrsteilnehmer haltet, haben *Zeit*. Sie sind langsam. Vorsichtig. Tastend. Sie haben Zeit.»

«Hm …», brummt Ralph.

Thomas kratzt sich am Kinn.

Jutta sagt: «Ich würde das anders formulieren: Die Schlimmsten sind die, die sich übergenau an die Regeln halten.»

Thomas stimmt zu: «Ja, richtig. Die 22 in der Dreißigerzone fahren.»

«Oder 92 auf der Autobahn», sagt Ralph.

«Oder, die im Kreisverkehr schon beim Reinfahren blinken», sagt Thomas.

«Muss man das nicht?», fragt Karin.

Rainer lacht.

Frank sagt: «Keine Frage ist zu blöd und wir lachen nicht übereinander.»

Ralph sagt: «Man blinkt nur beim Rausfahren.»

Rainer sagt: «Ach, Scheiß drauf, man blinkt im Zweifel überhaupt nicht. Dieser Quatsch mit den ganzen Kreisverkehren, die seit den Neunzigern wie die Seuche aus dem Boden schießen. Das ist genauso ein Schwachsinn wie die Helmpflicht auf dem Fahrrad, die gerade alle diskutieren. Oder die Bargeldgrenze. Die machen uns zu Kindern und ziehen uns wieder Windeln an!»

Frank macht sich eine Notiz.

Rainer faucht: «Ja, mach ruhig wieder einen Klassenbucheintrag, nur weil der böse Mann die Wahrheit sagt.»

Karin sagt: «Ich glaube, Kreisverkehr ist wie Baseball. Kein Mensch in Deutschland hat das jemals wirklich begriffen.»

Thomas lacht: «Aber bepflanzen können sie ihn. Holla, die Waldfee!»

Frank klopft auf den Tisch.

«Frank, du meintest gerade, die Leute, die uns im Verkehr aufregen, seien alle langsam», sagt Karin. «Willst du damit sagen, wir sind unbewusst sauer auf alle Menschen, die Zeit haben? Oder neidisch?»

Frank lächelt wie ein Mathelehrer, dessen Schüler das erste Mal die binomischen Formeln verstanden haben.

«Das ist doch Küchenpsychologie», sagt Rainer.

«In der Küche entstehen die besten Dinge», sagt Karin.

Jutta knibbelt grüblerisch an ihrer Mappe herum.

«Jutta?», fragt Frank.

«Also ... ich habe euch doch von meinem Schüler Cedric erzählt. Der Pilze sammelt, Tropfsteinhöhlen gut findet ...»

« ... Mitschülern das Gesicht zerschlägt ...», sagt Rainer.

«Ja, eben», sagt Jutta, «und warum hat er Ali das Gesicht zerschlagen? Weil der eine Anspielung darauf gemacht hat, dass Cedric keinen Vater im Haus hat. Ausgerechnet Ali, der Türke aus der Großfamilie mit seinem mächtigen, schnauzbärtigen Übervater. Muss ich euch aufzählen, wer sonst noch in der Schule auf wen losgeht? Die armen Jungs an der Bushaltestelle schikanieren die reichen Jungs, deren Eltern mit dem BMW vorfahren. Die Mädchen mit den schlechten Noten schikanieren die Mädchen mit den guten Noten und halten sie, so fleißig sie können, vom Aufpassen ab.»

Jutta zerbröselt nachdenklich einen Keks zwischen den Fingern, bis nur noch die Erdnüsse darin übrig sind: «Wegen Cedric hatte ich meinen nächsten Ärger mit dem Auto.»

«Erzähl», bittet Frank und setzt den Gelschreiber an.

Juttas Fahrgeschichte:
Der Zettel am Transporter

Unerlaubtes Entfernen vom Unfallort nach § 142 StGB.
3 Punkte, Gerichtskosten und Entschädigung in variabler
Höhe, abhängig von Gutachten und Prozessverlauf. (Heute:
1 Punkt, Gerichtskosten und Entschädigung in variabler
Höhe, abhängig von Gutachten und Prozessverlauf.)

Jutta legt die drei Erdnüsse aus ihrem Keks vor sich auf den voll-
gekrümelten Tisch und schiebt sie langsam hin und her. Was sie zu
erzählen hat, belastet sie bis heute. Und alle Details der Geschichte
sollten nicht in die Ohren ihrer Kursmitstreiter gelangen. Zwar
unterliegt eine Lehrerin gegenüber ihrem Schüler keiner Schwei-
gepflicht wie etwa eine Schulpsychologin, aber es wäre nicht fair,
Cedrics Probleme den anderen hier in aller Ausführlichkeit mitzu-
teilen.

«Also gut. Wir haben Donnerstag. Eine ganz normale Schulwoche.
Aber: Cedric kommt nicht mehr. Seit Tagen ist er nicht mehr in der
Schule aufgetaucht. Eine Entschuldigung liegt nicht vor. Auf seinem
Telefon kann ich ihn nicht erreichen. Jetzt ist es so: Dieser Junge ist
anders. Es gibt Leute, die lassen ihr Leben einfach ausfransen. Die
treffen nicht mal die Entscheidung, die Schule abzubrechen oder sich
mit Hartz IV abzufinden. Die lassen die Dinge einfach zerfasern. Aber
Cedric? Der will. Der will wirklich. Ich mache mir also Sorgen. Das
Schlimmste, was ich tun könnte, wäre, ihn wegen Verweigerung der
Schulpflicht von der Polizei abholen zu lassen. Was mache ich also?
Ich fahre selber hin. Hermann sagt noch, ich solle mir das gut überlegen, das sei zu früh, der komme bestimmt von selber wieder. Aber
ich habe im Urin, dass da irgendwas nicht stimmt. Dass da irgendwas
ganz besonders im Argen liegt.»

Jutta ordnet die Nüsse im Dreieck an. Die Kursteilnehmer schauen so neugierig wie respektvoll. Sogar Rainer.

«Ich habe keinen Zeitdruck auf dem Hinweg, aber es fühlt sich so an. Ich rolle durch die Dreißigerzone hinter unserer Schule. Beide Seiten beparkt. Enge Straße. Einer steht schräg in einer Lücke und kurbelt halbherzig am Lenkrad rum. Man weiß nicht: Parkt der ein? Parkt der aus? Hat er mitten im Vorgang einen Schlaganfall erlitten? Der Platz reicht nicht, um einfach vorbeizufahren, also warte ich ungeduldig ab. Im Kopf 1000 Gedanken dazu, was mich wohl bei Cedric zu Hause erwartet. 100 Meter weiter: Zebrastreifen. Ich nähere mich, zwei Fußgänger kommen, ich bremse ab, die Fußgänger bleiben stehen und gucken mich fragend an. Als ob die dicken weißen Streifen auf dem Asphalt nicht eindeutig wären! Ich winke, dass sie über die Straße gehen sollen. Sie bleiben stehen. Ich winke noch mal. Sie machen einen Schritt nach vorn und bleiben wieder stehen. Gut, denke ich, dann fahre ich eben. Gebe langsam Gas und rolle an. In dem Augenblick laufen die Leute los, sodass ich wieder in die Eisen steigen muss, und zeigen mir einen Vogel, als wüsste ich nicht, was Zebrastreifen bedeuten!»

Jutta regt sich jetzt schon wieder auf, wenn sie daran denkt.

«Genauso super sind die Leute, die dann Eile simulieren!», sagt Thomas. «Kennt ihr das? Diese Fußgänger, die einen so entschuldigend angucken und dann genau drei Schritte lang so tun, als würden sie sich nur für den ungeduldigen Autofahrer voll abhetzen?»

«Pass auf, das geht so weiter. Ich endlich raus aus dem Schulviertel. Ein Stückchen Stadtring, und dann wieder ab in die Gegend, in der sich Cedrics Adresse befindet. Nicht die beste der Stadt. An einer Kreuzung ohne Ampel kommt einer von rechts – und bleibt natürlich stehen. Obwohl er eindeutig Vorfahrt hat. Wieder so 'n junger Typ, wie ich sie letztens erwähnte. Kein Halbstarker, ein Vollschwacher. Hockt da hinter dem Steuer seines bunten Renault Clio wie ein eben erst geschlüpftes Küken. Ich bremse ab und winke. Du hast Vorfahrt, Junge! Er sieht mich an, als wollte er sagen: Echt jetzt? Kein Scherz? Ich winke noch mal. Er fährt ein Stückchen an und bleibt wieder stehen. Ich denke mir: Das haben wir jetzt von 40 Jahren Feminismus und einer männerfreien Zone vom Kindergarten bis in die sechste Klasse – heillos verschreckte Männchen in bunten Renault Clio, die selbst bei eindeutiger Vorfahrt den Fuß nicht von der Bremse nehmen.»

«Auf den Punkt!», ruft Rainer. «Gute Frau!»

Jutta rollt mit den Augen und sagt: «Gut, denke ich, dann fahre ich eben. Gebe langsam Gas und rolle an. In dem Augenblick fährt der Junge auch los. Fast krachen wir zusammen. Gehen beide in die Eisen, dass es im Nacken knackt. Ich fluche hinter meiner Windschutzscheibe, das hat der Kleine im Leben noch nicht gehört. Jetzt wird er auch sauer und fuchtelt wirr herum. Ich zeige ihm an, dass er gefälligst stehen bleiben soll, und fahre vorbei. Die beste Regel nützt gar nichts, wenn die Leute sie zu ihrem eigenen Nachteil nicht beachten.»

Unfallursachen

Die zwei häufigsten Unfallursachen der letzten Jahre sind laut Statistischem Bundesamt «Fehler beim Abbiegen, Wenden, Rückwärtsfahren sowie Ein- und Anfahren» und das «Nichtbeachten der Vorfahrt». Im Jahr 2014 gingen 112 125 von insgesamt 361 935 Unfällen alleine auf diese beiden Ursachen zurück. Betrachtet man Unfälle, die außerorts passieren, und solche innerorts separat voneinander, sind außerorts naturgemäß zu hohes Tempo und zu geringer Abstand die häufigsten Gründe dafür, dass es kracht. Innerorts allerdings scheint kaum jemand mit den eigentlich glasklaren Regeln der Vorfahrt und des Abbiegens zurechtzukommen. Das liegt nicht immer an zu wenig, sondern häufig

> auch an zu viel falscher Rücksicht. Wer sein eigenes Recht auf Vorfahrt etwa nur zögernd und zaudernd in Anspruch nimmt und andere Verkehrsteilnehmer damit ohne Grund irritiert, gefährdet den Verkehr genauso wie jemand, der voller Ignoranz die Regeln bricht.

«Um 17 Uhr fahre ich endlich bei Cedrics Adresse vor. Ein altes Hochhaus aus den frühen Siebzigern, über Eck errichtet. Parkbuchten mit jeweils drei Plätzen nebeneinander, gerahmt von Hecken. Ich fahre in eine Bucht, die noch komplett leer ist, und nehme den mittleren Platz. In der Hecke hängen leere Trinkpackungen mit Strohhalmen und Zellophanfolie von Zigarettenschachteln. Der Weg in den Innenhof führt unter einem Vordach mit Stahlrand entlang. Diese hässlichen Dinger, auf die man Kies schüttet. Unkraut wuchert vom Dach runter. Der Rasen im Innenhof ist grau, dünn und zerfetzt. Zwischen den wenigen Halmen liegen fette Hundehaufen.»

«Jutta?», sagt Ralph.

«Ja?»

«Hast du schon mal darüber nachgedacht, die Schule an den Nagel zu hängen und Bücher zu schreiben? Das klang gerade so wie die Kulissenbeschreibungen auf meinen Krimi-CDs.»

Jutta lächelt verlegen.

«Es ist auf jeden Fall auch ähnlich deprimierend. Die Tür zum Foyer steht offen, weil alte Gratiszeitungen dazwischen gequetscht sind. Im Hausflur ein Umzugskarton mit 1000 alten Kleiderbügeln darin. Jemand hat die Außenseite mit einem Edding beschriftet: ‹Zum Mitnemmen›. Also ohne h, dafür mit zwei m. Acht Stockwerke, 80 Briefkästen. Die Familie Cuczinski wohnt im fünften Stock. Also, Cedric und seine Mutter. Einen aktuellen Freund der Mutter gibt es nicht, soweit ich weiß. Als ich die Treppen hinaufgehe, werde ich nervös. Vielleicht gibt es doch einen, und er ist der Grund für Cedrics verstörte Art. Eine kleine Lehrerin und ein gewalttätiger Mann in einem 80-Parteien-Haus, in dem sicher niemand die Tür aufmacht, um nachzusehen, warum sich nebenan gestritten wird. Aber gut. Jetzt bin ich hier. Jetzt muss ich es darauf ankommen lassen.»

«Mutig», sagt Rainer.

«Ich wünschte, ich hätte solche Lehrerinnen gehabt», sagt Thomas.

Jutta schiebt die Erdnüsse auf dem Tisch in eine schräge Reihe, wie bei der 3 auf einem Würfel. Sie überlegt, was sie dem Kurs erzählen kann. Wie sie es ausdrücken soll. Sie kann dem Kurs nicht erzählen, was genau sie sieht, als Cedric nach zehnmal Klopfen die Tür öffnet und ihr Blick auf eine vollgemüllte Wohnung und eine Erzeugerin fällt, die rauchend im Sessel vor einem großen Flachbildgerät hängt und mit einer Stimme krächzt, die 40 Jahre älter klingt, als die Frau ist. Sie kann nicht erzählen, wie Cedric, der Teenager, gleichzeitig eine Waschmaschine laufen hatte, Handtücher und die Schlüpfer seiner Mutter über einen Klappständer warf und den Backofen für ein paar Fertigbaguettes vorheizte, während diese Frau mit einem Blick voller Selbstgerechtigkeit auf den winzigen Gips an ihrem rechten Fuß zeigte.

Rainer sagt: «Lass mich raten. Die Mutter ist eine rauchende und saufende Schlampe, die den ganzen Tag vor der Glotze hängt, und der Junge kam nicht zur Schule, weil er sich um sie kümmern musste, als wäre sie seine missratene Tochter.»

Jutta zeigt durch ihr Schweigen, dass Rainer den Nagel auf den Kopf getroffen hat. Ausgerechnet er.

«Ja», raunzt er, «wusste ich's doch.»

«Woher?», fragt Thomas.

«Schon von der Beschreibung des Hauses. Klischees treffen immer zu, Leute. Und Ausnahmen bestätigen die Regel.»

«Das ist doch alles zynischer Quatsch», sagt Karin.

«Ach ja? Deswegen bauen bei der Landjugend auch Kevin und Chantal die kleinen Zäune für den Froschschutz, während Maximilian und Sophie in der Fußgängerzone die Leute abziehen? Deswegen sitzen nur Frauen in Hosenanzügen in den Spielhallen und die Männer in den Jogginganzügen im Lesesaal der Stadtbibliothek?»

Frank sagt: «Rainer, das ist kein Kurs für fortgeschrittene Polemik.»

«Ach Leute», seufzt der Jäger, «haltet doch einfach mal die Wirklichkeit aus. Dann geht's euch gleich ein bisschen besser.»

Jutta ist sich jetzt erst recht sicher, dass sie nicht genau erzählen kann, was sie bei Cedric erlebt hat. Sie will Rainer nicht auch noch bestätigen. Will nicht, dass er weiß, wie peinlich Cedric seine Mutter war, die ihn die ganze Woche in Beschlag genommen hatte. Wegen ihrer lächerlichen Verletzung, mit der sie sogar aus dem Sessel aufstehen und nach dem Backofen sehen konnte, als Jutta mit Cedric in seinem Zimmer verschwand. Ein Zimmer, das er abschließt vor seiner Mutter und in dem sich eine andere Welt auftut. Ein sperrangelweit offenes Fenster, während der Rest der Wohnung stinkt wie ein Raucherabteil der Bahn in den siebziger Jahren. Jutta qualmt seit 30 Jahren, aber das ist selbst für sie ekelhaft. Cedric hat einfache, weiße Möbel, wahrscheinlich von Poco oder Roller. Ein gemachtes Bett. Ein aufgeräumtes Regal, die wenigen Bücher pfleglich sortiert. Schullektüre, die Erkennungsbände zu Pilzen und Bäumen und ein paar Bände von *Gregs Tagebuch*. Jutta will nicht, dass Rainer hört, wie Cedric sagt, dass alles okay ist, wenn seine Mutter arbeiten geht, unten an der letzten Tankstelle vor der Autobahn, von nachmittags bis Mitternacht, sodass er alles regeln könne, ohne dass sie ihn stört. Vor allem aber will Jutta nicht, dass Rainer hört, was dieser emotional missbrauchte Junge tut, als Jutta der Mutter damit droht, ihr das Jugendamt auf den Hals zu hetzen, wenn sie ihren Sohn weiterhin davon abhält, in die Schule zu kommen. Wie Cedric, der eben noch in seinem Zimmer mit seiner Lehrerin ein Herz und eine Seele schien, sich nun vor sie stellt und schreit, sie solle verschwinden. Wie Jutta, die Lehrerin, so naiv sein konnte, zu vergessen, dass Blut immer dicker ist als Betreuung und Fürsorge. Das alles soll Rainer nicht wissen. Also sagt sie: «Es geht hier nicht um meinen Schüler. Es geht um den Straßenverkehr. Ihr müsst nur wissen: Als ich die Wohnung wieder verlasse, bin ich völlig am Ende. Wütend. Traurig. Hilflos. Ich flüchte förmlich aus der Wohnung wie aus einem Albtraum. Als ich die Treppen hinunterlaufe, will ich am liebsten heulen. Alles hinwerfen. Den Beruf, dieses Leben, Onkel Ludwig. Ab ins Heim mit ihm und nur noch weg, ein paar Jahre weg und noch ein bisschen leben, bevor ich selber unter der Grasnarbe verschwinde.»

Ralph knetet seine Hände, als würde er dieses Gefühl kennen. Dann löst er sie und greift mit der linken an sein Auge, um endlich dieses verdammte Gezucke aufzuhalten.

«Ich bin wieder unten. Mein Auto, das vorhin ganz allein auf dem mittleren Platz stand, ist in der Zwischenzeit zugeparkt worden. Ein roter Passat Kombi und ein dreckig-weißer Transporter. Sie stehen so eng an meinen Türen, dass ich nur auf der Beifahrerseite reinkomme. Ich wühle mich über den Schaltknüppel, lasse den Motor an, fahre rückwärts aus der Lücke und höre, wie mein linker Außenspiegel die Flanke des dreckigen Transporters berührt. Es knirscht dumpf. Ich trete auf die Bremse. Fahre vorsichtig wieder vor, kurbele, setze raus, stelle den Wagen ab und steige aus. An dem Transporter ist so gut wie nichts. Nur ein winziger, dunkler Abrieb, kaum einen Zentimeter lang. Wüsste man es nicht, würde man ihn nicht sehen vor lauter Dreck. Ich spucke auf meinen Daumen und versuche, die Stelle zu reinigen. Der Dreck drum herum verschwindet. Der Abrieb bleibt. Ich fühle eine minimale Delle.»

«Da war so gut wie nichts dran!»

Alle Menschen, die im Straßenverkehr auffällig werden, indem sie beim Einparken oder Ausparken ein anderes Fahrzeug beschädigen, berufen sich auf die Geringfügigkeit des Schadens. Die ist natürlich nicht von ihnen als Schadensverursacher zu beurteilen, sondern vom Geschädigten und seiner Versicherung oder, sollte der Geschädigte nicht aufzufinden sein, von der Polizei. Die häufigste Form des Verschweigens selbst verschuldeter Schäden tritt im Übrigen bei geliehenen Mietwagen auf: Oft werden die in der Hoffnung zurückgegeben, dass der nicht gemeldete Kratzer oder die winzige Delle erst beim übernächsten Kunden auffällt. Deswegen sollte man sich beim Anmieten von Fahrzeugen dringend alle Zeit der Welt für die Inspektion nehmen, bevor man den Leihvertrag unterzeichnet.

Wann die Ausrede legitim ist …

Wenn tatsächlich so gut wie nichts dran war und das Gegenüber einen eindeutig ausnehmen möchte.

«Ich fluche. So richtig. Wie meine Schüler. Gehe wieder ins Haus und klingele bei meinem Schüler. Der sagt durch die Gegensprechanlage, dass er nicht mehr mit mir redet. Ich sage, ich muss wissen, wem der weiße Transporter gehört. Weiß er nicht. Ich drücke andere Klingeln. Eichberg. Donaczi. Hauschild.

Niemand da. Ein Mann kommt gemächlich die Treppe herunter, ein wohlbeleibter Türke in brauner Cordhose und Pullover mit Rautenmuster. Ich frage ihn, wem der weiße Wagen gehört. Er nix wissen. Wieso ich wissen wollen?»

Rainer grinst.

Mist, denkt Jutta, jetzt bestätige ich ihm noch ein Klischee. Aber das ist ihr jetzt egal, denn auf diesen Typen ist sie bis heute sauer.

«Der Typ schlendert mit mir zu dem Fahrzeug. Die Stelle mit der Delle fällt ihm sofort ins Auge, da es die einzige ist, an der das Weiß durch den Dreck scheint. Nun spuckt auch er auf seinen Daumen, reibt darauf herum und teilt mir mit, dass der Wagen kaputt sei. Ich rege mich auf und sage, dass man wohl kaum von kaputt reden könne. Ob er nicht doch wisse, wem das Schrottding gehört. Nein, er nix wisse, er armer Mann. Das wiederholt er ein paar Mal, armer Mann, armer Mann, holt ein Gebetskettchen aus der weiten Cordhose, spielt damit herum und geht wieder ins Haus zurück. Ich habe genug von all dem, hole einen Kuli aus dem Handschuhfach, reiße eine alte Quittung aus dem Portemonnaie, kritzele meine Adresse und Telefonnummer auf die Rückseite und klemme das Ding hinter den Scheibenwischer des Transporters.»

Phänomen der Autofahrerseele: die Spiele der Erwachsenen

Der Mensch ist ein Selbstsaboteur. Vor allem als Erwachsener. Als Kind weiß er: Mache ich etwas kaputt, halte ich im Zweifel die Klappe. Solange der Schaden gering ist, fällt er den Großen sowieso nicht auf. In den meisten Fällen geht diese Taktik auf.

Einmal erwachsen, vergessen die meisten diese Regel ... und landen gezielt im Dazwischen. Weder melden sie den Schaden und folgen den Gesetzen, noch machen sie sich einfach konsequent vom Acker. Stattdessen hinterlassen sie dem Geschädigten einen Zettel, obwohl sie schon ahnen, dass das nach hinten losgeht. Sie machen es aber trotzdem, weil sie sich unbewusst erwischen lassen wollen. Klingt verrückt, ist aber erwiesen. Der Psychologe Eric Berne nannte solche Selbstsabotagen «Spiele der Erwachsenen».

Das Spiel mit dem Zettel wird in Bernes gleichnamigem Bestseller zwar mit anderem Inhalt gefüllt, folgt aber dem gleichen Muster wie das Spiel namens JEHIDES – «Jetzt habe ich dich endlich, du Schweinehund». Beide Parteien «gewinnen» in diesem Spiel, obwohl sie oberflächlich betrachtet nichts als Ärger miteinander haben. Ihre «Belohnung» besteht darin, dass jeder ein tief abgespeichertes Weltbild oder Lebensmotto bestätigt sieht. Beim Zettel an der Windschutzscheibe ist es genauso: Der Geschädigte sucht überall nach Unrecht, das ihm geschieht, und der Zettel-Hinterlasser nach der Bestätigung, von den Menschen grundsätzlich ungerecht behandelt zu werden.

Strafgesetzbuch, Paragraph 142

Jutta sagt nichts mehr. Stattdessen schiebt sie die drei Erdnüsse in eine waagerechte Reihe.

Frank wartet ab, bis einer der Kursteilnehmer sie fragt, was aus dem Zettel wurde. Das ist noch so eine Grundregel der Seminarleitung. Im Zweifel immer die Schüler machen lassen.

«Und?», fragt Karin.

«Cedric ist am Montag wieder in die Schule gekommen. Aber er vertraut mir nicht mehr. Das muss ich langsam wieder aufbauen.»

Karin guckt aufrichtig betroffen.

Frank sagt: «Ich denke, was Karin meinte, war, was mit dem Transporter gewesen ist.»

Jutta wirft die Hände nach vorn und ruft: «Eine Woche später erreicht mich eine Anzeige! Eine echte, offizielle Anzeige. Der Typ, dem dieses Drecksfahrzeug gehört, hat mich nicht mal persönlich angerufen! Er hat mich einfach direkt wegen Fahrerflucht angezeigt.»

«Hätte ich dir gleich sagen können», sagt Rainer. «Kaum warst du weg, ist doch der Typ wieder zum Fahrzeug, hat deinen Zettel zu seinem Kumpel gebracht, dem die Karre gehört, und gesagt: ‹Hier. Bei der blöden Tante kannst du Geld machen.›»

«Der Scheißdreck ging vor Gericht! Einen Monat Fahrverbot. Es hätte sogar ein halbes Jahr werden können, wurde es aber nicht wegen der Geringfügigkeit des Schadens. So geringfügig, dass ich dem Typen noch geringfügige 850 Euro zahlen durfte. Ich wette, der fährt heute noch mit der Delle rum und hat das Geld zur Feier meiner Blödheit auf den Kopf gehauen. Wenigstens war der Richter kulant genug, dass der mikroskopische Kratzer keine Auswirkungen auf mich als Beamtin hatte. Er hätte es als Dienstvergehen werten können, dann wären Gehaltskürzungen auf mich zugekommen, ein Beförderungsverbot, aller möglicher Kokolores!»

Jutta stößt sich vom Tisch ab, lässt die drei Erdnüsse in ihrem Mund verschwinden und sagt: «Frank, ich revidiere mein Urteil. Die schlimmsten Verkehrsteilnehmer sind nicht die, die sich übergenau an die Regeln halten, sondern die, die Regeln gnadenlos ausnutzen.»

Frank klickt auf seinem Laptop herum. Im Beamer-Licht erscheinen Ordner und Dateinamen auf der Wand. Nach einer Weile findet er, was er sucht:

§ 142: Unerlaubtes Entfernen vom Unfallort

(1) Ein Unfallbeteiligter, der sich nach einem Unfall im Straßenverkehr vom Unfallort entfernt, bevor er

1. zugunsten der anderen Unfallbeteiligten und der Geschädigten die Feststellung seiner Person, seines Fahrzeugs und der Art seiner Beteiligung durch seine Anwesenheit und durch die Angabe, dass er an dem Unfall beteiligt ist, ermöglicht hat oder

2. eine nach den Umständen angemessene Zeit gewartet hat, ohne dass jemand bereit war, die Feststellungen zu treffen, wird mit Freiheitsstrafe bis zu drei Jahren oder mit Geldstrafe bestraft.

(2) Nach Absatz 1 wird auch ein Unfallbeteiligter bestraft, der sich

1. nach Ablauf der Wartefrist (Absatz 1, Nr. 2) oder

2. berechtigt oder entschuldigt vom Unfallort entfernt hat und die Feststellungen nicht unverzüglich nachträglich ermöglicht.

«Das geht noch weiter», sagt Frank, nachdem er die Paragraphen vorgelesen hat. «In Abschnitt 3 steht, dass man der Berechtigung genüge tut, wenn man sich nach dem Unfall direkt bei der nächsten Polizeistelle meldet.»

Jutta gibt einen kieksenden Ton von sich: «Was? Ich hätte wegen der Lappalie offiziell Selbstanzeige erstatten sollen? Es gibt Millionensteuerbetrüger, die keine Selbstanzeige erstatten!»

Rainer sagt: «Jutta, die Faustregel ist doch ganz einfach. Je ärmer der Typ, dessen Karre du touchierst, desto größer die Chance, dass er dich ausnimmt wie eine Weihnachtsgans. Oder glaubst du an das rote Märchen, dass die Armen automatisch die besseren Menschen sind?»

«Ich glaube kaum, dass man mit Kulanz rechnen kann, wenn man einem Benz-Fahrer am Düsseldorfer Flughafen den Wagen anritzt», sagt Karin.

Frank fragt: «Was meint ihr, wäre passiert, wenn Jutta sich gesetzesgetreu bei der Polizei gemeldet hätte?»

Thomas schimpft: «Das kommt völlig auf die Tageslaune der Beamten an, was da passiert wäre!»

Frank hebt die Augenbrauen.

«Ja, so ist es doch! Von wegen Neutralität des Gesetzes! Es kommt immer nur darauf an, wie deine Mitmenschen gerade drauf sind.»

Frank notiert sich, dass er später noch erzählen muss, was Jutta bei der Polizei passiert wäre. Jetzt will er erst mal die Gelegenheit nutzen, die Geschichte von Thomas zu hören, der heute Morgen um neun durch den Nieselregen getigert ist und seinen Fluchtwagen dabeihatte.

«Hört sich an, als würde sich mehr hinter deiner Bemerkung verbergen», sagt Frank.

Thomas schiebt sich einen Erdnusskeks in den Mund, schluckt den Bissen und erzählt.

Thomas' Fahrgeschichte: Die Flasche

Auf ein abbremsendes Fahrzeug aufgefahren.
1 Punkt, 35 Euro. (Damals wie heute.)

Bevor Thomas anfängt zu erzählen, gehen ihm der letzte Abend und der heutige Morgen durch den Kopf. Wollte er wirklich vor wenigen Stunden in die *Schlemmerhöhle* und sich einen Doornkaat bestellen? Morgens? Hat er wirklich gestern Abend mit einem der Käfige in der Hand in der Wohnzimmertür seiner Mutter gestanden und gesagt, wenn sie nicht sofort anfinge, sich um ihre Tiere zu kümmern, verließen diese sechs hier noch heute das Haus? Hat sie den hysterischen Anfall, bei dem mehrere Bilder an der Wand und der Fernseher kaputtgingen, wirklich bekommen? Und hat er sie tatsächlich mit den Worten «Ruf mich erst wieder an, wenn du dir von einem Profi helfen lässt» sitzengelassen? Samt ihrer Tiere? Und wie lange kann er das aushalten?

Langsam sollte er anfangen, zu berichten. Sonst stellen wieder alle die falschen Fragen.

«Die eine Hälfte des Tages war ich im Dienst unterwegs. Alles wunderbar, wenn auch erfolglos. Mein Chef hatte die blödsinnige Idee gehabt, 5000 Restposten dieser dicken, altmodischen, in Leder gebundenen Ringbuch-Terminer anzukaufen, die in Zeiten von Tablets und Smartphones nun wirklich niemand mehr braucht. Der alte Tannwald sagte dann auch gleich ‹Mein Lieber!›, und wenn ein Satz bei ihm schon so anfängt, dann weiß man: Da ist nichts mehr zu verkaufen. Kurz überlege ich, ob ich's indirekt versuche und stattdessen seine Frau überzeuge. Das klappt manchmal. Einmal habe ich zum Beispiel im Laden die kleine Halogenbirne des vierten Deckenstrahlers ausgewechselt, der monatelang ausgefallen war. Niemand von der

Belegschaft hat das erledigt, und ich wusste, wie sehr es Tannwalds Frau stört. Sie ist stellvertretende Bürgermeisterin in dem kleinen Ort und fragt sich, wie die Einwohner ihr bei Strukturmaßnahmen vertrauen soll, wenn sie sehen, dass ihr Mann nicht mal das Lämpchen im vierten Strahler im Laden erneuern kann.»

Frank unterbricht: «Nur um sicherzugehen, Thomas – sitzt du in dieser Geschichte gerade wieder im Auto und übst das Szenario nur?»

«Nein, nein, ich bin schon auf dem Heimweg. Mit meinem unverkauften Ringbuch-Leder-Terminern. Zufrieden bin ich aber trotzdem. Ich will mit keinem Kollegen tauschen, der die Herausforderung, neue Produkte in die Läden zu bringen, nicht kennt. Es gibt viele, die arbeiten nur Verabredungen ab, die bereits auf der Messe getroffen worden sind. Dabei lernt man nichts. Ich lerne jeden Tag etwas, gerade aus den Absagen. Oder, wie der alte Tannwald sagt: ‹Ein Laden definiert sich durch das, was er *nicht* ausstellt.›»

Karin sagt: «Das ist wie beim Backen. Nicht zu viele Köche verderben den Brei, sondern zu viele Zutaten.»

Frank sagt: «Und das klingt nicht so, als würden in der Story noch Punkte in Flensburg kommen.»

Thomas sagt: «Nicht im Dienst. Aber eine Stunde, nachdem ich an diesem Tag bei meiner Mutter gewesen war, sitze ich in meinem Fluchtwagen.»

Karin sieht ihn voller Mitleid an und baut erneut eine Augenbrauenhütte, aber Thomas schüttelt den Kopf. «Ist egal. Ich sag nur so viel: Nicht bloß ein Schreibwarenladen wird besser dadurch, dass er sich manches einfach nicht länger antut, sondern wahrscheinlich auch ein Leben.»

Seine Worte sind nicht gerade hilfreich, um die Neugier der anderen zu bremsen. Dabei weiß er ja nicht mal selbst, wie es mit Edith und ihm weitergeht.

Frank erlöst ihn: «Spring einfach zum Ende, Thomas. Was ist passiert?»

«Ich bin jemandem aufgefahren. An der Ampel. Er stand. Ich rollte. Eindeutiger geht's nicht. Der Witz ist dabei: Ich hatte ihn gesehen. Und die rote Ampel. Schon 30 Meter vorher. Aber ich konnte nicht bremsen, weil ...»

«Sag es ruhig», ermutigt ihn Frank. «Dafür sind wir hier.»

«Weil mir eine Wasserflasche unter das Pedal gerollt ist. Eine aus Glas.»

Jutta zieht einen Keks wieder aus dem Mund, den sie gerade eben bissbereit hatte.

Ralph spitzt die Lippen, als wollte er flöten, und sagt: «Uuuh! Das ist wirklich übel.»

«Der zivilisatorische Mindeststandard bei der Ordnung im Fahrzeug besteht darin, dass wenigstens der Fußraum des Fahrers frei ist», sagt Frank. «Wie kann es sein, dass dir sogar Flaschen da hineinrollen?»

Thomas schließt für zwei Sekunden die Augen, als müsste er kurz in sich hineinhorchen, ob sich eine Migräne anbahnt. Vielleicht, denkt er, ist es ja wie bei den Anonymen Alkoholikern. Ihre Heilung beginnt in dem Moment, in dem sie laut aussprechen, dass sie Trinker sind. Er öffnet die Augen wieder und sagt: «Ich glaube, es ist sinnlos, davon mehr zu erzählen. Besser wär's wohl, wenn ich euch den Wagen zeige.»

FRANKS FAKTENCHECK

Ladungssicherung im Pkw

Auch Pkw-Fahrer sind verpflichtet, die mitgeführte Ladung ordnungsgemäß zu sichern. Es gibt drei Hauptgründe, wieso das vor allem bei randvoll gepackten Kleinfahrzeugen nicht geschieht.

Erstens: massive Unterschätzung der Beschleunigungskraft von im Wagen umherfliegenden Gegenständen. Zweitens: keine Spanngurte zur Hand. Drittens: Möbelhäuser. Wird ein Pkw-Fahrer mit unzureichend gesicherter Ladung erwischt, gibt es derzeit 35 Euro. 60 Euro und ein Punkt drohen bei Gefährdung des Straßenverkehrs, 75 Euro und ein Punkt bei einem Unfall.

Eine Variante der unzureichend gesicherten Ladung ist der Irrglaube, bei einem heillosen Chaos aus Kleinstgegenständen würde es sich gar nicht um Ladung handeln. Führt dieses Chaos allerdings dazu, dass das Fahrzeug nicht mehr vernünftig geführt werden kann, ist es aber im Zweifel sogar gefährlicher als drei nicht fest genug verzurrte Billy-Regale.

Die Gruppe verlässt die Fahrschule und begibt sich in die schmale Straße neben dem Christus-Park. Ralph und Rainer nutzen die Gelegenheit, um schnell eine zu rauchen. Jutta lehnt die ihr angebotene Zigarette ab und sagt: «Nach dem Besuch bei Cedric habe ich aufgehört.»

Der rote Honda CRX wirkt auf Thomas, als könnte er jeden Moment anspringen und verschämt die Flucht ergreifen. So hatten sich die Autodesigner seine Nutzung damals wahrscheinlich nicht vorgestellt. Frank und die Teilnehmer folgen Thomas wie eine Reisegruppe in Rom. Der halbherzige Bindfadenregen hat sich längst verzogen, und die Sonne taucht Häuser, Bäume, Fachwerk und den vermüllten Wagen in ein viel zu klares Licht. Hinter einem knorrigen Gartenzaun saugt eine Hummel die Blüten eines Pflaumenbaumes leer.

Thomas schließt den Wagen auf, und die Gruppe versammelt sich gleichmäßig um das Fahrzeug, damit jeder etwas sehen kann. Alle gucken.

Ralph strahlt wieder wie bei der ersten Sitzung. Eine Mischung aus Entsetzen, Vergnügen und ungläubigem Staunen.

Frank reibt sich die Schläfen.

Jutta sagt: «So muss ein Auto von innen aussehen!»

Alle Köpfe drehen sich zu ihr.

«War nur Spaß», sagt sie.

Rainer verschränkt die Hände hinter dem Rücken und beugt sich vor wie ein Museumsbesucher, der eine Skulptur inspiziert.

«Ich sehe die Einrichtung des Wagens nicht mehr. Das ist alles verdeckt», sagt Karin, als würden sie eine klassische Reportage über Messies drehen.

Und in der Tat: Der Beifahrersitz von Thomas' Fluchtwagen und die Rückbank sind vollständig verschwunden. Dort, wo irgendwann mal sauberes Polster zu sehen war, schichten sich jetzt nicht bloß die berüchtigten CDs der asozialen Rapper, sondern auch Kapuzenpullover, zwei Dutzend leere Kaffeebecher, wild durcheinandergeworfene Bücher, Zeitschriften, Landkarten, Snickers-Verpackungen und Quittungen zu einem unwirklichen Geflecht. Schlafsäcke und Zeltmaterial sind auf die Rückbank gestopft, ebenso ein paar Kartons. Den Fußboden füllen seltsame Decken, Kissen und loses Leergut. Es ist ein Wunder, dass in diesem Meer an Dingen überhaupt noch das Armaturenbrett zu erkennen ist.

Thomas sagt: «Wenn's mir ganz besonders mies geht, hebe ich auf Parkplätzen sogar Pfandflaschen vom Boden auf und werfe sie in den Wagen. So eine ist mir dann auch unters Bremspedal gekullert.»

«Das lohnt sich natürlich, für 15 Cent sein Leben zu riskieren», sagt Frank.

Karin flüstert: «Das ist wie ein Wimmelbildspiel.»

Thomas beobachtet den Ausdruck in ihrem Gesicht und ist erleichtert, zwar viel Verwirrung, aber keinen Ekel vorzufinden. Trotzdem: Es muss sich alles ändern. Alles.

«Ich möchte nicht, dass mein Wagen so aussieht», sagt er. «Nicht mal mein Fluchtwagen. Einmal wollte ich aus einem Parkhaus rausfahren. Ticket bezahlt, ins Auto gestiegen, Ticket auf den Beifahrersitz geschmissen, die enge Ausfahrt hinuntergekurvt.»

«Oha …», sagt Rainer.

«Mitten rein ins Wimmelbild», sagt Karin.

«Genau. Ich stehe unten an der Schranke, hinter mir eine Schlange anderer Autos, und das Ticket ist weg. Ich suche. Zehn Minuten lang. Alles hupt. Könnt ihr euch das vorstellen? Zehn Minuten? Wie lang das ist, wenn man in einem Parkhaus vor einer Schranke steht? Als ich schon nicht mehr daran glaube, fühle ich die Karte zwischen den Fingern. Ich winke nach hinten, den Kopf knallrot, schiebe sie in den Schlitz – die Schranke bleibt geschlossen. Die Karenzzeit zum Rausfahren war abgelaufen. Und die von den Leuten hinter mir somit auch. Da konnte ich erst mal 15 hocherfreuten Mitmenschen eine Runde Parkhausgebühren ausgeben.»

Ein Dorfbewohner nähert sich auf dem Bürgersteig mit seinem Hund, einem schwarz-weißen, ausgewachsenen Border Collie. Neugierig läuft das Tier auf die Straße und steckt seine Nase in das Chaos hinter der geöffneten Fahrertür.

«Na, du?», sagt Thomas.

«Bornheim, komm wieder her!», ruft ihn sein Besitzer mit entsetztem Blick. «Böse! Böse!»

Der Hund kehrt um.

«Wer nennt seinen Hund denn bitte Bornheim?», fragt Karin.

«Manche Dinge lassen sich nicht erklären», sagt Thomas.

Ralph sagt: «Wenn das Tier mal stirbt, kann man jedenfalls mit Fug und Recht behaupten: Im Niemandsland zwischen Brühl und Bonn liegt der Hund begraben.»

«Gehen wir wieder rein», sagt Frank.

Phänomen der Autofahrerseele: die Vermüllung

Der Mensch ist ein Chaos-Erzeuger. Wo immer er sich bewegt, entsteht automatisch Unordnung. Macht der Mensch «nichts», driftet seine Umgebung langsam ins Durcheinander. Um die Ordnung aufrechtzuerhalten, muss er aktiv dagegen anwirken. Das fällt ihm besonders im Fahrzeug sehr schwer. Wie ein Magnet saugt es leere Kaffeebecher oder Knisterpapiere von Schokoriegeln an und gibt sie nicht mehr frei. Auch zu längst veralteten Landkarten, verdreckten Mikrofasertüchern oder stumpf gewordenen Eiskratzern hat es ein neurotisch-klammerndes Verhältnis. Es braucht einen entschlossenen und disziplinierten Menschen, um das zu verhindern. Das Auto ist wie ein Hund, der ohne klare Führung macht, was er will. Nicht ohne Grund spricht man in beiden Fällen, beim Hund wie beim Fahrzeug, vom jeweiligen «Halter». Einige Theorien gehen fälschlicherweise davon aus, dass Luxuslimousinen in der Regel deswegen aufgeräumter sind als Kleinwagen, weil ihre Halter erfolgreiche Führungspersönlichkeiten sind. Das stimmt natürlich nicht. Sie haben lediglich das Geld, den Wagen einmal im Monat in die Komplettaufbereitung zu bringen.

Klar Schiff machen

Bevor Frank weiterspricht, räumt er in der Fahrschule erst mal seinen Tisch rund um den Laptop auf, schiebt mit der einen Hand Kekskrümel in die andere, umschließt die Krümelportion schließlich mit beiden Händen wie eine behutsam getragene Maus und lässt sie in den Papierkorb rascheln.

«Seite 22 in eurer Mappe», sagt er.

Die Teilnehmer blättern und finden eine Liste zum Selberausfüllen. Dieses Mal geht es um «negative Fahrgewohnheiten».

«Und?», fragt Frank, der immer noch nicht weiß, ob er den Zustand von Thomas' Fluchtwagen tragisch oder komisch finden soll. «Was sind eure schlechten Angewohnheiten? Nicht Gefühle, das haben wir jetzt durch! Wirklich nur reine Gewohnheiten.» Längst gut erzogen werfen auf der Stelle alle ihre eigenen Verhaltensmakel in den Raum.

«Zu laute Musik.»

«Radio hören und sich über die Werbung ärgern.»

«Schulterblick vergessen.»

«Zu spät schalten.»

«Zu früh schalten.»

«Von der Autobahn abfahren, obwohl das Stauende schon in Sicht ist und dann auf der verstopften Umgehung hängen bleiben.»

«Am Steuer Hähnchenteile essen.»

«Das Navi beim Fahren bedienen.»

«Hupen, obwohl es nicht sein muss.»

«Nicht hupen, obwohl es sein müsste.»

«Zu lange mit dem Pipimachen warten.»

«Gegen die Fahrtrichtung parken.»

Frank denkt: Schade, dass immer alle erst ab der Hälfte eines Kurses auftauen. Wären sie von Anfang an dermaßen offen, könnte er eines Tages ein Buch darüber schreiben. Er zeigt durchs Fenster nach draußen.

«Zum Thema Unordnung im Auto: Wie kann man das vermeiden? Ich weiß, es sieht nicht bei allen so schlimm aus wie bei Thomas, aber im Kern kennen wir das doch alle.»

«Für Unordnung im Haushalt habe ich mit meiner Lara eine Preisliste erstellt», sagt Karin. «Kleine Bußgelder, für alle möglichen Bereiche. Sie gelten für uns beide, und wir zahlen sie dem jeweils anderen. Wenn meine Tochter ihre Klamotten einfach im Flur herumliegen lässt, kostet das zum Beispiel zwei Euro. Nicht gespülte Pfanne? Ein Euro. Duschen, ohne die Fliesen abzuziehen? 50 Cent.»

Thomas lacht: «Ich vermute, das Taschengeld brauchst du ihr gar nicht erst auszuzahlen.»

Karin schüttelt den Kopf: «Da liegst du falsch. Der letzte Monat endete mit 24 zu 30 Euro für Lara. Ich vergesse eben gerne, auf dem WC die Papierrolle aufzufüllen.»

Thomas strahlt. Frank fragt sich, wann er sie endlich abseits der *Schlemmerhöhle* zum Essen einlädt. Er sagt: «Gut, Karin. Konditionierung durch selbst auferlegte Strafen ist eine Möglichkeit.»

Jutta sagt: «Ja, aber es ist immer besser, *für* etwas zu arbeiten, als sich zu bestrafen, weil man es *nicht* macht. Ich sage meinen Schülern immer, sie sollen sich vorstellen, wie befreit man schon am Anfang des Wochenendes ist, wenn man die Hausaufgaben bereits fertig hat, statt sie wie einen Sorgenbrocken vor sich her bis in den Sonntagabend zu schieben.»

«Das wäre eine Visualisierung des Ziels und ist ebenfalls prima», sagt Frank. «Man kann sich vorstellen, wie gut es sich anfühlt, auf einem Rasthof aus einem aufgeräumten, sauberen Wagen zu steigen. Ich hatte schon mal Teilnehmer, die nahmen sich die Ermittler aus ihren liebsten Krimiserien zum Vorbild, denn in deren schwarzen Autos ist nie auch nur ein Krümel zu sehen. Aber es gibt noch etwas Besseres als Strafe und Zielvisualisierung», sagt Frank.

Der Kurs schweigt. Auf das, was Frank jetzt sagt, kommt nie einer von selbst. Es liegt den Menschen in diesen betriebsamen Zeiten zu fern.

Er sagt: «Das Aufräumen selbst zum Ritual machen. Es lieben lernen!»

Jutta lacht.

Thomas sagt: «Manches kann man nicht lieben lernen. Man lernt ja auch den Zahnarztbesuch nicht lieben.»

Frank packt seinen Lieblingsvergleich aus: «Stellt euch vor, ihr leiht euch ein Boot. Oder ein Wohnmobil. Schon mal gemacht?»

Rainer sagt: «Wohnmobil.»

Karin sagt: «Boot.»

Thomas sagt: «Du fährst auch noch Boot?»

Frank sagt: «Oder Zelten. Camping generell. Das hat jeder von euch schon gemacht, oder?»

Freundliche, nickende Erinnerungsgesichter.

«Dann wisst ihr eigentlich ganz genau, was ich meine: Dieses gelassene Gefühl, wenn man in aller Ruhe ein wenig den Zeltplatz aufräumt oder Brennholz für den Abend bereitlegt. Die Sachen sortiert, während die Vögel zwitschern. Wäsche aufhängt an der Leine zwischen dem Rückspiegel des Wohnmobils und der schmalen Kiefer. Oder über die Reling.»

«... und in der Bucht rauscht das Meer», sagt Karin. «Ja, das ist schön.»

«Oder nehmt das Boot selbst. Vor der Abfahrt. Nach der Ankunft im Hafen. Wenn die Möwen schreien. Da macht man was? Man macht klar Schiff! Und es fühlt sich toll an. Es beruhigt und macht Freude. Oder etwa nicht?»

Rainer lächelt, selig. Sämtlicher Sarkasmus, der sich sonst in ihm Bahn bricht, ist aus den Augen verschwunden. «Das stimmt», sagt er.

«Seht ihr! Und wenn ihr dieses Gefühl kennt, dieses entspannte Gefühl von In-Ruhe-klar-Schiff-Machen im Urlaub: Haltet es fest und übertragt es auf den Alltag. Auf euer Fahrzeug. So wie die Männer früher am Samstagnachmittag das Auto gewaschen und sich dabei schon auf die Sportschau gefreut haben.»

Ralph seufzt.

Frank sagt: «Sag nicht, das Gefühl ist dir fremd, Ralph. Ich hatte schon einen Kraftfahrer hier, der meinte, genau wegen dieser Augenblicke sei er Trucker geworden. Schön abends in aller Ruhe aufräumen, alle Türen auf, und dabei mit den anderen Fahrern plauschen.»

«*Das* ist schön, ja», sagt Ralph. «Oder die Hörbücher alphabetisch sortieren, oben im Regalfach über der Windschutzscheibe. Aber hinten, im Hänger, da kannst du manchmal die besten Absichten der Welt haben, und sie werden dir einfach kaputtgemacht.»

Ralphs Fahrgeschichte: Ladungsparodie

Ladung des Lastkraftwagens beziehungsweise dessen Anhängers nicht verkehrssicher verstaut oder gegen Verrutschen, Umfallen, Hin- und Herrollen oder Herabfallen besonders gesichert. 3 Punkte, 60 Euro. (Heute: 1 Punkt, 60 Euro.)

«Unsere Spedition schickt uns regelmäßig in Lehrgänge zur Ladungssicherung. Das ist überhaupt der allergrößte Witz. Nicht die Lehrgänge selber. Die weiß ich wirklich zu schätzen. Die Männer, die das machen, wissen, wovon sie reden. Das sind Beamte mit Ahnung von der Materie, von Fliehkraft und Physik und vor allem von dem Scheiß, den wir manchmal zu verstauen haben. Echt gut. Aber was nützt dir der beste Lehrgang, wenn am Ende andere deinen Hänger gebrauchsfertig vorladen? Also, was die dann ‹gebrauchsfertig› nennen.»

Rainer zeigt sich erstaunt: «*Das* gibt es? Also nicht, dass die aufladen, nachdem du angekommen bist, sondern dass ein bereits gepackter Hänger zum Andocken bereitsteht?»

«Ganz genau so. Zum Beispiel bei Stückguttransporten. Ich fahre mit dem Laster ohne Hänger hin und bringe den Auflieger erst beim Kunden an. Beim *ersten* Kunden des Tages. Der hat das Ding bereits angeladen, so nennen wir das. Nur ist er eben nicht der einzige Kunde. In den Auflieger müssen auf der Tour noch zwei weitere Ladungen. Damit die Tour gelingt, müssen alle Kunden, die den gleichen Auflieger nutzen, sich an die Lademeter halten, die auf dem Auftragsbogen stehen. Die stimmen aber nie. Neulich zum Beispiel: Der Kunde hatte sechs Lademeter angegeben, aber bei meiner Ankunft schon gut zehn verbraucht. Also fehlten vier Meter für das Stückgut der nächsten Kunden. Was macht man?»

Thomas sagt: «Man ruft Gott an.»

«Noch nicht. Erst mal schaut man, welche Sendungen als Termingut deklariert sind. Die werden dann vorrangig geladen. Bei zu wenig Platz werden die Paletten gestapelt.»

«Da kommt des Pudels Kern ...», sagt Frank.

Ralph nickt, die Nase gerümpft. Neben ihrem linken Flügel zuckt wieder das Lid.

«Man kann das machen. Man kann Paletten übereinanderstapeln. Wenn man sie korrekt sichert. In unseren Lehrgängen wird das genial erklärt, vorgeführt und eingeübt. Es gibt einen Kursleiter, den Herrn Reinberg, der ist ein Künstler. Der könnte dir zwei Yachten übereinander auf einen Tieflader zurren, und das würde halten. Aber dann stehst du in der Wirklichkeit bei deinem Kunden, und weder der Staplerfahrer noch der Lagermeister sind bereit, es richtig zu machen. Dabei ist das ihr Beruf! Genau *das* ist ihr Job! Das ist so, als wenn ein Bäcker sagen würde: ‹Nein, Leute, Brot backe ich heute nicht.› Es gibt Lagermeister, wenn du denen sagst, dass die gestapelten Paletten vernünftig gesichert werden müssen, lachen sie nur komisch und behandeln einen, als wäre man der Klassenstreber. Die sind davon überzeugt, dass es vollkommen ausreicht, gestapelte Paletten ohne Formschluss nach vorne nur mit einem Spannbrett zu sichern. Und die müssten wissen, dass das eben *nicht* reicht, wenn man richtig bremsen muss. So wie der Bäcker wissen muss, dass Hefe in die Brötchen gehört. Stattdessen spazieren sie mit verschränkten Armen auf den Auflieger zu, gucken oberschlau, lösen dann die Arme und rütteln einmal am Brett – das war's!»

«Da bewegt sich nix!»

Alle Menschen, die im Straßenverkehr auffällig werden, weil ihre Ladung nicht ausreichend gesichert ist, haben wenige Stunden zuvor diesen Spruch gehört oder selber geäußert. Varianten von «Da bewegt sich nix!» sind «Wo soll das denn bitte hin?» sowie das bereits bekannte «Das kann nirgendwohin». Der häufigste Irrtum bei der Ladungssicherung in Lkw besteht in der Berechnung der Gurtkraft. Ist für einen Spanngurt eine Widerstandskraft von fünf Tonnen angegeben, meint das die Kraft beim «Niederzurren» von Stückgut. Der Gurt drückt die Ware nach unten und verhindert, dass sie ins Hüpfen gerät. Das bedeutet allerdings nicht, dass der gleiche Gurt die gleiche Ware mit der gleichen Kraft am Verrutschen hindern kann.

Kleinere Teile werden in Lkw wie Pkw oft überhaupt nicht gesichert, da man ihre Beschleunigungskräfte vollkommen unterschätzt.

Wann die Ausrede legitim ist ...

Nie. Weil kaum etwas stärker unterschätzt wird als die Beschleunigungskräfte ungesicherter Ladung. Es lohnt sich, an dieser Stelle ein paar Zahlen aus dem Alltag eines ehemaligen Verkehrspolizisten mit Schwerpunkt Ladungssicherheit zu wiederholen, die wir das erste Mal vor acht Jahren in unserer Roadmovie-Komödie *Murp! Hartmut und ich verzetteln sich* erwähnt haben. Ein Handy von rund 300 Gramm beispielsweise trifft während einer Vollbremsung bei 50 Stundenkilometern mit einem Gewicht von 17 Kilo auf sein nächstes Hindernis auf. Noch einmal: 17 Kilo! Ein prall gefüllter Aktenkoffer würde beim Querfliegen durch das Innere des Wagens die Windschutzscheibe oder den Kopf eines Insassen mit rund 440 Kilo Aufprallgewicht treffen. Man kann sich ausmalen, was diese Beschleunigungskräfte für die Beladung

von Umzugstransportern, Baumstamm-Aufliegern oder offenen Klein-
lastern von Schrottsammlern bedeuten.

Karin fragt: «Ist es gut gegangen? Mit den gestapelten Paletten?»

«An dem Tag ja. Das Zeitfenster war moderat. Aber jetzt kommt die
Story, die ich eigentlich erzählen wollte. Wieso es Klar-Schiff-Machen
nicht gibt, wenn andere dir den Auflieger vollständig vorladen.»

Rainer verschränkt die Arme und lehnt sich in den Stuhl wie in
einen Fernsehsessel.

Ralph erzählt: «Ein Tag im Frühherbst. Hochsaison. Es sind so
viele Waren zu transportieren, dass alle Schiffe, Flugzeuge, Güter-
züge, Laster und Kleintransporter gleichzeitig im Einsatz sein könnten – es bliebe immer noch was liegen. Es ist Freitagfrüh. Ich fahr in
die riesige Halle einer Tochterfirma unseres gottgleichen Disponenten. Bin schon wieder spät dran, ohne eigenes Verschulden. Morgens
um 4:25 Uhr losgefahren, dann aber auf dem Ruhrschnellweg ausge-
bremst worden, der am idiotischsten benannten Straße der ganzen
Welt. Die Lagermitarbeiter der Firma haben den Auflieger vorgeladen.
Es gibt keinen zweiten Kunden, also hätten sie durchaus alle Möglichkeiten gehabt, das Puzzle so anzuordnen, dass alles gut sitzt. Aber als
ich dann sehe, wie sie tatsächlich geladen haben, fallen mir die Augen
aus dem Schädel.»

Ralph hebt den Hintern an und zieht ein gefaltetes Blatt aus der
Hosentasche.

«Ich wusste zwar nicht, wann oder ob wir über das Thema reden,
aber den Ausdruck von meinem Handyfoto hab ich schon seit der ersten Sitzung in der Tasche.»

Er gibt das bunte Blatt zur Besichtigung durch die Runde. In den
Händen von Thomas und Karin bleibt es besonders lange stecken.

Der Hänger ist nicht einmal ansatzweise komplett gefüllt, sodass
es ein Leichtes gewesen wäre, die wenigen Paletten, die übereinander

stehen, direkt ganz vorne bündig an die Wand zu schieben. Stattdessen haben die Lagermitarbeiter sie an verschiedenen Stellen mittig verteilt, sodass sie im Falle einer Bremsung den meisten Spielraum haben, in alle Richtungen weit und frei zu fliegen. Was sie auch tun würden, da jede Palette gerade mal mit einem einzigen halbherzig gespannten Gurt gesichert ist. Der führt bei einer Palette nicht einmal mittig über die Ware, sondern so nah am Rand, dass er schon beim geringsten Ruck abrutschen müsste. Auf der rechten Seite des Aufliegers bedecken einige sehr lange, schmale Kartons den Boden, die wahrscheinlich mit schweren Dielenbrettern gefüllt sind. Zwischen ihnen und den Palettenbergen, die so willkürlich verteilt sind wie Erbsen im Risotto, haben die Männer sämtliche kleinen Pakete einfach so in die freien Stellen geworfen.

Thomas sagt: «Das kann doch nicht deren Ernst sein.»

«War es aber. Ich konnte es auch nicht glauben. Im Kurs für Ladungssicherung hätte das nicht mal als falsch gegolten, sondern als Parodie! Hätte der Reinberg das gesehen, er hätte den Kopf in den Nacken geworfen und schallend gelacht. Er hätte das linke Auge zugekniffen, mit der Hand eine Pistole geformt, auf den Vorarbeiter gezielt und gesagt: ‹Witzig. Respekt!›»

Frank fragt: «Was hast du gemacht?»

«An dem Tag war mir klar: Jetzt muss ich Gott anrufen. Zeitdruck hin oder her. Die Ladung soll bis zum Abend nach Salzburg, aber es nützt ja nichts. Ich bekomme also meinen Disponenten an die Strippe und erkläre ihm die Lage. Er will ein Foto haben. Ich seufze. Seit 20 Jahren arbeite ich für ihn, aber er will ein Foto haben. Ich schieße das Bild, das ich gerade rumgegeben habe. Der Lagermeister mault, was das solle. Ihn kenne ich auch schon lange, allerdings nur mit Nachnamen. Er heißt Struck und sieht tatsächlich auch so aus wie unser ehemaliger Verteidigungsminister. Niemand scheint zu wissen, wie er mit Vornamen heißt. Alle in der Branche nennen ihn nur den

Struck. Der Struck greift nach meinem Telefon. Ich ziehe das Gerät weg und mache ein paar Schritte aus dem Hallentor nach draußen. Der Struck fragt mich, ob mir klar sei, dass ich heute Abend in Salzburg sein muss. Ich drücke auf Senden. Der Struck pöbelt. ‹So eine Scheiße hier!› Er meint mich, nicht seine Leute, die auf dem Auflieger so schlecht *Tetris* gespielt haben, dass sie schon im ersten Level gescheitert sind. Eine Minute später ruft Gott zurück. Fragt mich, ob der Struck da irgendwo rumstehe. Ich denke mir: Immerhin ist mein Herr und Meister heute auf meiner Seite. Das muss er auch, nachdem er das Beweisfoto gesehen hat. Ich reiche dem Struck das Telefon, und es geht los. Natürlich höre ich nur, was der Struck auf dieser Seite der Leitung sagt, und nicht meinen Chef auf der anderen Seite. Aus dem, was der Struck auf dieser Seite sagt, kannst du eine Liste der typischsten Ausreden in unserer Branche machen: Wir hatten wenig Zeit. Ich habe einen hohen Krankenstand. Das hält schon. Die Paletten sind gar nicht sooo schwer. Das machen wir immer so. Man muss doch nicht päpstlicher sein als der Papst. – Dabei gibt es an dieser Ladung wirklich rein gar nichts zu diskutieren. Sie *muss* neu gemacht werden. Das ist so sicher wie das Amen in der Kirche. Trotzdem wird diskutiert. Minute um Minute, in der die Staplerfahrer bereits die ersten Paletten hätten umlagern können. Sage und schreibe 20 Minuten debattiert der Struck mit meinem Chef, bis er schließlich auflegt, mir das Handy in die Hand knallt und seine Leute an den Auflieger pfeift. Zehn Minuten packen sie um. Nur das Allernötigste. Die einzelnen Paletten stehen jetzt bündig vorne an der Wand, aber der Kleinscheiß liegt immer noch lose auf dem Boden. Das endgültige Festzurren überlassen sie ganz mir. Eine Stunde mühe ich mich mit den Gurten ab und weiß schon jetzt: Wenn ich heute Abend in Österreich sein will, kann ich die Urinflasche auspacken. Ach ja, die habe ich heute auch mal mitgebracht.»

Karin wird bleich.

Ralph beugt sich unter den Tisch, zieht seinen Rucksack hervor und holt eine schwarze Plastikflasche mit Kappe zum Aufstecken heraus. Auf der Seite ist in neongelb der Markenname eingeprägt. Jetzt hat er wieder gute Laune. Zivilisten schocken macht immer Spaß.

«Darf ich vorstellen?», sagt er. «Die Truckerduck. Keine Sorge, ist heiß ausgewaschen. Sie heißt Ente, weil sie so einen langen, gebogenen Hals hat.»

Jutta nimmt das Gerät in die Hand und packt es am besagten Hals. Der Hals ist auch vom Durchmesser her großzügig bemessen.

Rainer kriegt einen Lachanfall. Völlig unvermittelt platzt es aus ihm heraus. Er muss husten, und die Tränen kullern ihm aus den Augenwinkeln, das Zwerchfell schüttelt seinen Jägerkörper durch wie eine Schotterpiste einen Wackel-Elvis. Karin und Thomas müssen lachen, weil Rainer lachen muss. Den Rest erledigt Ralphs verdutzter Gesichtsausdruck und die staubtrockene Art, in der er sagt: «Also, ich weiß jetzt nicht, was an der Truckerduck so lustig sein soll.»

Frank, der sich nur mit Mühe beherrschen kann, hebt die Hände: «Liebe Leute! Liebe Leute! Ist ja gut!»

Er wendet sich an den Mann, der seit 20 Jahren während der Fahrt die Ente füllt: «Ist die Fahrt gut gegangen? Mit der halbherzig umgelagerten Fracht?»

«Wäre sie, wenn ich in Deutschland geblieben wäre. Aber wie gesagt, ich musste nach Salzburg. An der Grenze haben sie mir wegen der Flüchtlinge den Hänger aufgemacht. Und was soll ich sagen? Statt sich zu freuen, dass ich keine Menschen schleuse, ging's ab ins Büro ...»

«Scheiße», sagt Rainer, der gerade erst wieder Luft bekommt.

«Ja. Das Bußgeld habe ich in dem Fall vom Dispo-Gott wiederbekommen, der es angeblich sogar irgendwie dem Struck aus den Rippen geleiert hat. Jedenfalls hatte der, als ich später wieder mal da war, noch schlechtere Laune. Dafür hat er mir nie wieder so miserabel den Auflieger vorgeladen. Die Punkte konnte mir mein Chef aber trotz seiner Göttlichkeit nicht erstatten. Und sich selbst auch nicht.»

Phänomen der Brummifahrerseele: das Gewissen

Der Mensch ist ein Beschützer. Ist er mit Gewissen gesegnet, schützt er grundsätzlich all seine Nächsten, wobei damit im Straßenverkehr theoretisch die gesamte Bevölkerung gemeint ist. Und auch der Brummifahrer als solches hat ein stark ausgeprägtes Gewissen. Das erstaunt viele. Er weiß in Abwandlung der Philosophie aus *Spider-Man*: Aus einem großen Fahrzeug folgt große Verantwortung. Daher achtet er darauf, bei allem Druck wenigstens ein Mindestmaß an Sicherheit zu erkämpfen. Außerdem hilft es ihm ja auch nicht, ständig Strafgelder und Punkte einzusammeln. Den Lagermeistern und Arbeitern in den Hallen und auf den Höfen, die den Männern auf der Straße zuarbeiten, sind sämtliche Gefahren hingegen vollkommen gleichgültig. Sie sagen: ‹Was mit der Ladung geschieht, sobald sie vom Hof ist, ist nicht mehr mein Problem.› Ganz so, als würde ein Koch das Essen vergiften und sagen: ‹Wenn die Gäste das vollständig aufessen, sind sie selber schuld. Hätten sie nur die Hälfte des Fleisches und vor allem die gesamte Salatgarnitur liegen gelassen, wären sie am Leben geblieben.›

Mit Verben

Nach Ralphs Bericht über die Zustände in deutschen Aufliegern entscheidet Frank sich für eine kleine Pause. Gemeinsam stehen Ralph, Jutta, Karin und Thomas an der frischen Luft vor dem alten Fahrschulfenster und schauen versonnen zu Jesus Christus hinüber, dem die Menschheit seine Versuche, sie zu erlösen, nicht einmal damit dankt, hin und wieder ihre rollenden Kolosse aufzuräumen.

Rainer und Frank treten dazu, je einen Kaffee in der Hand.

Karin sagt, den Blick auf Thomas' Auto schräg gegenüber gerichtet und im Kopf noch bei Ralphs Bericht vom Auflieger: «Es ist ein Wunder, dass überhaupt irgendjemand überlebt.»

«Man kann die Wahrscheinlichkeit erhöhen», sagt Frank.

«Was mich wirklich wundert», sagt Karin zu Ralph: «Du fährst 80 000 Kilometer im Jahr und hast bis jetzt noch nicht vom Thema Übermüdung gesprochen.»

«Da komme ich einigermaßen mit klar», sagt Ralph.

«Es geht alles, wenn man muss», sagt Rainer.

Frank ärgert diese Bemerkung mehr, als ihm lieb ist. Sie beleidigt ihn regelrecht. Hat Rainer denn während des Kurses wirklich gar nichts gelernt?

«Nein», sagt Frank. «Es geht nicht.»

«Bitte?», sagt Rainer.

«Es geht nicht alles, bloß weil man muss. Wegen dieses Irrglaubens sterben da draußen Menschen.»

Rainer winkt ab: «Schwachsinn. Alles eine Sache der Disziplin. Und des Werkzeugs.»

Frank weiß nicht, wo er anfangen soll: «Du hast hier die meisten Punkte, Rainer. Woher nimmst du eigentlich deine Chuzpe?»

«Mein was? Soll ich euch mal was über Müdigkeit erzählen? Über Disziplin? Über Stärke?»

«Ja, mach doch mal!», sagt Frank. «Mach das mal. Erzähl uns eine Geschichte über Disziplin und Stärke. Nicht in Stichworten wie bisher. In ganzen Sätzen. Mit Substantiven und Verben, wie disziplinierte Männer das tun.»

«Meinst du, das kann ich nicht? Hm?»

«Ich bezweifle es zumindest.»

«Dann kommt! Rein mit euch. Kommt, kommt. Wollen wir doch mal sehen.»

Frank schmunzelt, der Ärger verraucht. Manchmal ist es so einfach ...

Rainers Fahrgeschichte:
Das Feuer und das Rad

*Bei Glatteis, Schneeglätte, Schneematsch, Eis- oder Reif-
glätte ohne die vorgeschriebenen M+S-Reifen gefahren.
3 Punkte, 60 Euro. (Heute: 1 Punkt, 60 Euro.)*

«So, ich schick jetzt mal eins vorweg. Ihr wisst wenig über mich, und
das darf auch so bleiben. Nur so viel. Drei Ehen. Zwei Firmen. 50 Ange-
stellte.»

Rainer macht eine Pause und genießt die blöden Gesichter. Alle
haben sie gedacht, er wäre Jäger und sonst nichts. Ein Halbrentner
mit Moos am Stiefel. Was denken sie, wo sein 65 000-Euro-Pick-up
herkommt? Oder seine Breitling, die hier niemand erkennt?

«Ich muss nicht unbedingt gemocht werden, wenn ich das jetzt
sage. Aber es ist wie immer die Wahrheit. Es gibt Leute wie mich, und
es gibt den Rest. Hier, die kleinen Jungs, die bei Jutta nicht mal Gas
geben, obwohl sie Vorfahrt haben. Diese Pillermannstudenten, denen
man in jedem deutschen Krimi beibringt, dass der reiche Mann böse
ist. Oder wahlweise krank, weil er im Schnitt 12 Stunden am Tag
arbeitet. Ja. Klar. Ohne uns ‹Kranke› würde keiner der ‹Gesunden› das
Fahrrad unterm Arsch haben, mit dem er den halben Tag spazieren
fährt. Oder die Pizza auf dem Tisch, die er sich abends bestellt. Ohne
uns ‹Kranke› säßen wir noch in den Höhlen. Da hätte es nie Bauzie-
gel gegeben oder Stromleitungen oder Armierungseisen oder Kaffee-
maschinen. Oder das Feuer. Oder das Rad.»

Da gucken sie wieder.

Rainer liebt diesen Blick. Diesen Ekel, wenn die Gutmenschen
etwas hören, von dem sie insgeheim wissen, dass es stimmt.

«Ich bin also unterwegs, in meinem Pick-up. Wach seit 27 Stunden.
Viele Termine gehabt. Es ist Winter. Echter Winter. Ich fahre Schritt-

geschwindigkeit. Auf der Autobahn! A45, irgendwo Höhe Gießen. Es sieht nicht mehr aus wie auf der Autobahn. Schneewände links und rechts. Dahinter weiße Tannen. Der Asphalt ist vollständig bedeckt. Die Flocken fallen dicht und dick und weiß. Obwohl alle nur schleichen, wirkt es mit dem Flockenflug vor der Windschutzscheibe, als ob man in einen Tunnel hineinfährt. Der Wagen ist voll beladen und drückt in den Schnee. Kommt die Kolonne kurz zum Stehen und ich muss neu anfahren, drehen die Reifen durch.»

Frank fragt: «War das Wetter schon so, als du losgefahren bist?»

«Ja. Sicher.»

«Und wieso bist du dann überhaupt losgefahren?»

Rainer spürt, wie diese Frage ihn aufregt. In Rage bringt. Manchmal fühlt er sich wie ein Außerirdischer auf der Welt. Als stünden alle Werte auf dem Kopf.

«Seht ihr?», schnauft Rainer. «Das ist wieder genau das, was ich meine! Da geht man davon aus, dass bloß wegen schlechtem Wetter nicht länger getan werden müsste, was getan werden muss. Als ob ihr alle den ganzen Tag nur darauf wartet, dass wieder ein Grund um die Ecke kommt, sich nicht mehr anstrengen zu müssen.»

Grummeln.

«Als ob wir nicht arbeiten!»

«Schule! Ich bin in der Schule!»

«Jetzt mach mal halblang, Kollege!»

Frank sagt: «Arbeitest du auch weiter, wenn du krank bist?»

«Was heißt für dich krank? Krebs? Schlaganfall?»

«Grippe? Hexenschuss?»

Rainer reibt sich die Nase: «Schwachsinn! Ihr Lappen! Wenn alle so denken, geht hier morgen der Strom aus!»

Frank sagt: «Das Wetter, das du eben beschrieben hast, ist lebensgefährlich.»

«Aber doch nicht in *dem* Wagen!»

Rainer zeigt aus dem Fahrschulschaufenster auf sein Allradmonstrum.

«Es gibt kein schlechtes Wetter oder Gelände. Es gibt nur falsche Autos. Wofür hat man denn so 'n Ding, wenn nicht für solche Situationen? Mit dem Wagen da bin ich über den ganzen Balkan gefahren! Ja! Ihr denkt bestimmt, ich sei so 'n Fremdenfeind oder was, aber ich habe die Welt gesehen. In Albanien prüft der TÜV nur Licht, Rost und Bremsen. Also genau das, worauf es ankommt, damit man überlebt. Alles andere ist denen egal. Hierzulande ist der TÜV ein beschissener Kosmetiksalon!»

«Zurück zum Winter», sagt Frank.

«Gut. Ich schleiche also über die A45 im Schneegestöber. 27 Stunden wach. Noch 80 Kilometer bis nach Hause. Bei dem Tempo sind das zehn Stunden. Das ist mir zwar klar, aber ich will ins eigene Bett.»

DIE BELIEBTESTEN AUSREDEN DER VERKEHRSSÜNDER

«Geht noch!»

Alle Menschen, die im Straßenverkehr auffällig werden, gehen bei aufkommender Müdigkeit, Nachtfahrten oder Touren bei schwierigen Witterungsverhältnissen davon aus, dass es «noch geht». Tatsächlich gilt vor allem bei Übermüdung die umgekehrte Regel im Vergleich zu Fitnessübungen und Krafttraining. Während dort der Zeitpunkt, an dem man denkt, es ginge nicht mehr, genau den Zustand markiert, in dem man die entscheidenden paar Liegestütze oder Klimmzüge obendrauf packen sollte, markiert der Zeitpunkt, an dem man hinterm Steuer denkt, dass es noch ginge, dass man eigentlich schon längst (!) über die akzeptable Erschöpfung hinaus ist.

Wann die Ausrede legitim ist …

Nie. Absolut nie. Denn: In dem Augenblick, in dem man «Geht noch!» sagt, ist man bereits längst übermüdet, da man anderenfalls überhaupt nicht betonen müsste, dass es noch gehe. Es lohnt sich, an dieser Stelle noch einmal die Müdigkeitsbroschüre des ADAC zu zitieren: «Müdigkeit lässt sich nicht bezwingen, weder durch Ignorieren noch durch Willensstärke». Wenn die Augen brennen, das Blinzeln zunimmt, das Gähnen sich nicht mehr unterdrücken lässt, die Gedanken abschweifen, der Körper trotz fauchender Heizung fröstelt, das Fahrttempo unwillkürlich schwankt oder sogar schon die Spur nicht mehr gehalten werden kann, muss man anhalten und eine Runde schlafen oder ganz woanders übernachten. Egal, wie nah man bereits an seinem Ziel ist! Denn: Sekundenschlaf tötet buchstäblich in einer Sekunde. Wer im übermüdeten Zustand «nur noch eine Minute» von zu Hause entfernt ist, riskiert ganze 60 Mal sein Leben.

«Meine Frau ruft an. Fragt mich, wo ich bin. Ich nenne ihr die Position. Sie sagt, ich soll mir ein Hotelzimmer suchen und mich schlafen legen. Ich sage, ich gehe durchaus schlafen, aber im eigenen Bett. Sie fragt, wie ich mir das vorstelle.»

Jutta sagt: «Man sollte auf seine Frau hören.»

Ralph fragt: «Was nimmst du?»

«Wobei?»

«Im Wagen. Um wach zu bleiben.»

Die Frage gefällt Rainer. Das ist die richtige Haltung. Keine Gründe suchen, warum man sich ständig schonen sollte, sondern fragen, wie es weitergehen kann. Wahrscheinlich hat dieser Trucker doch dickere Eier, als er tut.

«Koffein. Und Modafinil.»

«Ach, du meine Güte!», ruft Frank aus, als wären alle seine Bemühungen zwecklos gewesen.

Rainer spottet: «Und schon ist er wieder empört wie Claudia Roth, wenn einer ‹Hartz IV› sagt.»

Frank hebt beide Hände und verkrampft sämtliche Finger, als stünde er kurz vorm Fahrlehrerwahnsinn: «Die Pillen sind nur für Narkoleptiker zugelassen!»

«Gelobt sei das Internet», grinst Rainer.

«Ich fasse es nicht», sagt Frank.

«Nein, ihr fasst es immer alle nicht», sagt Rainer, «aber wenn ihr dann in die Notaufnahme eingeliefert werdet und der Arzt, der euch das Leben retten muss, schon seit 36 Stunden Bereitschaft hat, dann seid ihr froh, wenn er die bösen Drogen intus hat.»

Frank schüttelt nur noch den Kopf.

Ralph sagt: «Mach es nicht. Wirklich, glaub mir. Lass es.»

Den Einwand des Profis kann Rainer stehen lassen. Er muss ihn nicht teilen, aber er kann ihn respektieren. Nur Leute, die wissen, wovon sie reden, dürfen die Klappe aufmachen.

«Meine Frau quengelt jedenfalls. Lässt mir keine Ruhe. Ihr kennt das. Ich denke mir. Na ja, wenn ich mir jetzt was suche, finde ich vielleicht noch ein kaltes Bier. Oder zwei. Dazu ein schönes Schnitzel. Bratkartoffeln mit Speck. Bohnensalat. Also stimme ich zu. Aber gekonnt hätte ich noch.»

«Ich nicht», sagt Thomas. «Ich hatte auch mal so eine Nachtfahrt im Schneetreiben. Die Hypnose durch die fallenden Flocken ist viel stärker, als du tust. Und das Gehirn schaltet schon ab, bevor die Augenlider sich senken. Ich kann mit offenen Augen einschlafen. Da gibt es einen Punkt, wie einen Schalter, du spürst das förmlich im Gehirn. Es dauert, bis er sich umlegt: Wenn der Kipppunkt überschritten ist: Klack! Halbschlaf! Halbschlaf mit offenen Augen. Als ob man schon im Bett wäre und nur träumt, dass man fährt.»

«Das kennt Rainer nicht», sagt Frank sarkastisch, «der hat seine Psychose am Steuer nur wegen der Drogen.»

Rainer ignoriert die Bemerkung. Der Fahrlehrer muss nicht sein Freund sein. Soll er ruhig weiter von seiner heilen Welt träumen.

«Die nächste Ausfahrt ist bloß drei Kilometer entfernt. Ich brauche dafür 40 Minuten. Vorsichtig rolle ich von der Autobahn über die Landstraße nach Garbenheim. Ein Dorf am Rande von Wetzlar. Tagsüber haben die Anwohner den Schnee wohl nach Kräften bekämpft, aber jetzt liegt er wieder 30 Zentimeter dick auf Stromkästen, Gartenmauern und Ampelblenden. Es quillt aus allen Gassen. Die ganze Zeit schleicht ein Wagen hinter mir her, der genauso schlecht vorankommt wie ich, aber naturgemäß nicht überholen kann. Langsam bin ich gereizt. Wenn ich schon in ein fremdes Bett soll, will ich dieses Bett nicht auch noch stundenlang suchen müssen. Ich habe mich schon damit abgefunden, noch eine Stunde weiter mit fünf Kilometern pro Stunde rein nach Wetzlar rollen zu müssen, da sehe ich Licht in einem Restaurant. Vordach mit schwarzem Schiefer, ein paar Stufen, Gussgeländer, Werbeschild von Licher Pilsener. Ein paar Poller vor dem Haus, aber Platz zum provisorischen Parken. Ich steige aus. Der Landgasthof hat tatsächlich Zimmer. Auf der Straße schleicht der Wagen näher, den ich die ganze Zeit aufgehalten habe. Die frische, klare Schneeluft tut gut. Aus der Gaststätte klingt dieses schöne, gutbürgerliche Gemurmel. Nicht dieser hektische Scheißdreck von den Burger-Buden, wo 1000 Fernseher mit dem Pop-Mist laufen und ständig die Fritteuse piept, als wenn keiner von den Mindestlohnschwachmaten fähig wäre, rechtzeitig die Fritten aus dem Fett zu holen. Hier kriege ich noch meine zwei Bier und mein Schnitzel. Ich will gerade die Treppe raufgehen, als auf der anderen Straßenseite Autotüren knallen und zwei Männer zu mir herüber durch den Schnee stapfen. Der Wagen, der hinter mir gefahren ist, hat angehalten und die beiden ausgespuckt.»

«Aha», sagt Frank. «Jetzt bin ich gespannt.»

Rainer wippt mit dem Kopf: «An der Art, wie sie mich grüßen, rieche ich schon, dass es Bullen sind. Sie stellen sich vor. Der Ältere schlägt vor, dass wir die Treppe rauf unter das Vordach gehen. Der Jüngere geht zu meinem Pick-up und leuchtet mit einer Taschenlampe aus schwarzem Stahl den Wagen ab. Der Ältere sagt, ihnen sei aufgefallen, dass ich auf dem Weg hierher ganz schön geschlittert bin. Ich sage, deswegen halte ich ja auch an. Der Ältere lobt meinen Wagen. Von wegen beeindruckendes Gerät und dazu könne man wirklich Geländewagen sagen. Ja, du mich auch, denke ich und sage, dass der Wintereinbruch während meiner Geschäftsreise kam und die Schneeketten noch zu Hause in der Garage liegen. Der Beamte sagt, es gäbe in Deutschland keine allgemeine Schneekettenpflicht. Der Nachwuchsbeamte beugt sich runter und beleuchtet die Räder. Er wechselt die Führhand der Taschenlampe, holt ein Smartphone heraus und tippt etwas ein. Und erst da schwant es mir. Erst da fällt es mir ein! Was ich seit Oktober machen wollte und vergessen habe. Der junge Beamte ruft seinem Kollegen zu, dass ich noch Sommerreifen draufhabe. Der ältere schüttelt den Kopf auf die Art, wie es Eltern tun, wenn der kleine Sohn sich beim Fußballspiel redlich Mühe gegeben, aber leider danebengeschossen hat. Ich frage, ob wir da nichts machen können. Der ältere sagt, sie könnten da etwas machen: Die ganze Sache statt hier draußen dort drinnen im Warmen aufnehmen.»

Rainer atmet tief aus und verschränkt die Arme. Von wegen, er könnte nicht in ganzen Sätzen erzählen.

Frank sagt: «Danke. Für die echte Geschichte. Was lernst du daraus?»

«Dass man auf so einen Wagen Allwetterreifen aufzieht und nicht auf ein Sonderangebot reinfallen sollte, weil die Sommerreifen in dieser Größe ohne Rabatt sowieso nicht loswerden.»

«Über Schlaf lernst du nichts?»

«Wieso? Ich hätte noch gekonnt. Ich hatte nur Lust auf Bier und Schnitzel.»

Frank macht eine letzte Notiz in seine Kladde.

Phänomen der Autofahrerseele: der unwirkliche Halbschlaf

Der Mensch ist ein Schläfer. Lange kann er ohne Nahrung und eine Weile sogar ohne Wasser auskommen, aber Schlafentzug treibt ihn zuverlässig in den Irrsinn und anhaltend sogar in den Tod. Mediziner empfehlen, eine Schlafdauer von sieben bis acht Stunden nicht dauerhaft zu unterschreiten. Speziell hinterm Steuer überschätzt der Mensch seine Ressourcen und unterschätzt, in welch hohem Maße die Anforderungen des Straßenverkehrs diese beanspruchen. Acht Stunden im Auto sind bedeutend zehrender als acht Stunden bei der Gartenarbeit, selbst wenn man dabei Bäume ausreißt. Konzentrationsmangel, Wahrnehmungsschwächung und Teilnahmslosigkeit – die typischen Merkmale anhaltender Übermüdung – prägen sich hinter der Windschutzscheibe besonders stark aus. Erlaubte Aufputschmittel wie Kaffee oder Energydrinks können den dringend nötigen Schlaf ebenso wenig ersetzen wie illegale Substanzen. Auch viele der unverständlichen und häufig als Suizidversuche missdeuteten Geisterfahrten (laut Verkehrsfunkmeldungen im Schnitt fünf am Tag) sind auf den Zustand des unwirklichen Halbschlafs zurückzuführen, bei dem man sich einbildet, es irgendwie noch ans Ziel schaffen zu können, dabei aber längst nicht mehr in «dieser Welt» herumfährt. Er ist das deutlichste Zeichen für fatale Übermüdung und geht unmittelbar dem oft tödlich endenden Sekundenschlaf voraus.

Was wäre, wenn ...?

Frank steht ganz still am Kopfende der Tischrunde. Der Höhepunkt der dritten Sitzung steht kurz bevor, der wichtigste Moment des Seminars. Er setzt ihn absichtlich nicht ganz ans Ende, damit das, was er gleich sagen wird, noch eine Woche lang in den Teilnehmern arbeiten kann, bevor sie zur vierten Sitzung noch ein letztes Mal zusammenkommen. Dann schon als Geläuterte, hofft er. Spätestens beim letzten Treffen versprechen die Teilnehmer immer, dass man sich weiterhin treffen und in Kontakt bleiben werde, und sie meinen es auch so, in dem Moment. Sobald jeder hat, weswegen er hergekommen ist, trennen sich die Wege für den Rest des Lebens natürlich trotzdem. Und das ist okay so. Mit seinen Wetten darauf, wer welche Fahrerrolle einnimmt, hat er nicht bei allen richtig gelegen. Ralph hat er längst vom *Nüchtern-Vernünftigen* zum *Rustikal-Romantischen* umgedichtet. Er gibt sich alle Mühe, den Widrigkeiten seines Berufs entgegenzuwirken, aber wie die meisten scheitert er daran. In seinem Fluchtwagen ist Thomas ein *Imponierer*, aber auch einer, der aus einer fahrenden Litfaßsäule von jetzt auf gleich einen fahrenden Kokon macht. Karin bleibt eine *Aufgewühlte* und wird es wohl erst dann nicht mehr sein, wenn ihre Tochter keine Probleme mehr im Leben hat. Also nie. Jutta bleibt *Die Aggressive*, auch wenn die Gründe dafür aus ihrer Sicht stets gute sind. Bei Lkw-Fahrer Milosz bedauert Frank wirklich sehr, mit seiner Wette darauf, dass er zum Typus der *Gleichgültigen* gehöre, tatsächlich recht gehabt zu haben. Und das, nachdem der Mann zur Testfahrt kam, obwohl er keinen Babysitter für seine Tochter hatte. Und Rainer? Er gehört in die Kategorie, bei der Hopfen und Malz vollkommen verloren sind: die des *Unverbesserlichen*. Die Teilnahme wird er ihm bestätigen müssen, aber die Punkte, die er dadurch abgezogen bekommt, wird er schnell wieder auf dem Konto haben. Immer noch besser, als dem Kurs wie Milosz ganz fernzubleiben.

Aber das macht nichts. Vier von sechs sind eine gute Bilanz.

Frank weiß: Bei so manchem hinterlassen diese wenigen gemeinsamen Tage mehr Wirkung für das ganze Leben als Tausende von Stunden mit Arbeitskollegen, oberflächlichen Verwandten oder sogar manchem maulfaulen Freund. Und er weiß: Jetzt ist der Augenblick gekommen für seinen wichtigsten Satz.

Er atmet tief durch.

Ein.

Aus.

Blickt in die Runde.

Ein.

Aus.

Sieht fragende Gesichter.

Ein.

Aus.

Rainer beobachtet Franks Bauch, wie er sich hebt und senkt.

Ein.

Aus.

Ralph reibt die Finger aneinander.

Ein.

Jutta schraubt ihren Kugelschreiber auf.

Aus.

Jetzt.

«Ich möchte euch eine Frage stellen. Euch allen. Und ich bitte euch, sie erst einen Moment sacken zu lassen, bevor ihr eine Antwort formuliert. Lasst sie wirklich zu, diese Frage.»

Frank atmet noch mal tief ein und aus.

«Was genau wäre eigentlich schlechter, wenn im Straßenverkehr alle die Regeln befolgen würden?»

Da steht sie jetzt, die Frage, mitten im Raum. Der Höhepunkt, auf den Frank jeden seiner Kurse hinauslaufen lässt. Ein Höhepunkt, der nur funktioniert, nachdem man gemeinsam diesen langen Weg gegangen ist.

Die Fahrschule ist still wie eine verlassene Scheune. Man kann das Heu atmen hören. Frank wartet noch drei Sekunden, dann sagt er: «Jutta!»

Die Lehrerin schreckt auf. Das Knistern hat sie in Trance versetzt. Oder das Nachdenken darüber, was Frank eben gefragt hat.

«Ja?»

«Was wäre gewesen, wenn du nach dem Telefonat mit Onkel Ludwig vor der Tropfsteinhöhle nicht Hals über Kopf in den Wagen gesprungen wärst? Wenn du dich ganz bewusst gebremst hättest, dich vielleicht mit deinem Kollegen Hermann beraten hättest, der ja ein ganz anständiger Kerl zu sein scheint?»

«Nun ja ...»

«Stell es dir vor, bitte. Es gab Sitzbänke auf dem Höhlenvorplatz, nicht wahr?»

Jutta nickt.

Frank schaut in seine Kladde: «Ja, richtig, hier steht es ja. Eine deiner Schülerinnen ist auf der Bank herumgeklettert und hat als Erste bemerkt, dass zwei fehlen.»

Ralph sagt: «So genau hast du ...?»

Frank schmunzelt.

Karin sagt: «Ich hoffe, meine Rezepte haben auch ihren Platz im Buch gefunden.»

Frank fährt fort: «Stell dir vor, du hättest dich ganz bewusst auf eine dieser Bänke gesetzt. Der fremde Mann war sowieso schon daheim bei euch im Haus. Zweimal Durchatmen macht den Braten da nicht fett.

So. Da sitzt du jetzt und überlegst. Deine Heimat ist eine kleine Stadt. Mit Sicherheit kannst du jemanden anrufen, den du kennst und dem du vertraust. Selbst, wenn es 15 Minuten dauert, darüber nachzudenken, und das Herumtelefonieren noch mal 30, weil die ersten drei Personen, die dir eingefallen sind, nicht rangehen. Selbst, wenn du über eine Stunde brauchst, weil du denen, die du kriegst, die Lage nicht so einfach erklären kannst. Nehmen wir an, du brauchst 75 Minuten, um in deiner Heimat jemanden zu erwischen, der zu eurem Haus fährt und nachsieht, ob der Handwerker die angebrannte Küche repariert oder doch ein Dieb ist und gerade die Waschmaschine hinausträgt – selbst dann wären diese 75 Minuten immer noch 45 Minuten weniger gewesen als die Zeit, in der du die Strecke bei maximaler Raserei hättest zurücklegen können. Fünf Minuten später hätte der Mensch, der zu Hause nachgesehen hat, dich wieder angerufen und Entwarnung gegeben. Sagen wir, zehn Minuten später. Oder 15. Dann sind wir bei 90 Minuten. Wärst du geblieben, hättest du also den ganzen Stress nach 90 Minuten von deinen Schultern gleiten lassen können ... und immer noch 30 Minuten übrig gehabt, um zu sagen: ‹Hermann? Geh mit den Kids bitte noch was essen. Ich brauche nach diesem Schreck eine halbe Stunde für mich ganz allein im Wald.› Was du dir lange nicht mehr gegönnt hast. Nur du und die Bäume. Kein Onkel Ludwig, kein Ali, keine Charlène, kein Cedric. So aber warst du nach Ablauf der 90 Minuten ...?»

«... immer noch unterwegs», sagt Jutta. «Nach einer halben Stunde Unterbrechung durch die lieben Wachtmeister, die meinen angeblichen Rotverstoß zu Protokoll genommen haben.»

Frank nickt: «Und mit dem doppelten Stress, weil du wusstest: Im Monat darauf wirst du den Lappen abgeben müssen.»

Jutta reibt sich mit der Unterseite ihres Daumens die Nase. Sie sagt: «Und bei der Sache mit der winzigen Schramme am Transporter vor Cedrics Hochhaus hätte ich freiwillig zur Polizei fahren sollen?»

«Aber hallo! Ich verrate dir jetzt mal, was passiert wäre. Aus Erfahrung. Du hättest den Beamten das Haus beschrieben und das Viertel und das ganz konkrete Fahrzeug. Die Wahrscheinlichkeit ist groß, sie ist wirklich groß, dass sie nicht mal mit dir hingefahren wären, sondern direkt gesagt hätten: ‹Ach, unsere Pappenheimer vom Hochhaus.›»

«Wie?»

«Ich hatte mal einen Teilnehmer, der stand früh am Morgen an einer Ampel, ganz allein, wie er glaubte, und er setzte, ohne zu gucken, zurück, weil ihm einfiel, dass er eigentlich links abbiegen musste. Es gab einen Ruck, denn er war keineswegs allein. Hinter ihm stand der Corsa der Kowalski-Brüder. Ein paar, ich sag's mal höflich, stadtbekannte Bildungsferne mit Nachholbedarf bei den Manieren.»

Rainer klatscht: «Endlich! Endlich mal Klartext aus deinem Munde!»

«In diesem Fall waren die Kowalskis aber im Recht. Sie waren so was von im Recht! Da setzt der Mann zurück, ohne hinzugucken! Der Corsa der Brüder hatte keinen sichtbaren Schaden abbekommen, aber sie bestanden darauf, die Polizei dazuzuholen. Aus Naivität womöglich oder weil sie dachten: Endlich können wir der Welt mal zeigen, dass auch wir auf der Seite der Gerechtigkeit stehen. Nur hatten sie die Rechnung nicht mit den örtlichen Beamten gemacht. Die hörten sich den Tathergang an, schrubbten einmal mit der Hand über den Corsa der Brüder, klopften auf die Motorhaube und sagten: ‹Kommt, Jungs, macht einfach die Biege.› Daraufhin protestierten die Brüder natürlich. Es fielen Schimpfworte. Das Ende vom Lied: Die Beamten entschuldigten sich bei *meinem* Teilnehmer für besagte Bewohner *ihrer* Stadt, und zwei der Brüder bekamen eine Anzeige wegen Beleidigung.» Frank sieht Jutta in die Augen. «Worauf ich hinauswill: Die Realität muss uns nicht immer gefallen, aber sie ist, wie sie ist. Der Typ von dem Transporter hätte dich jedenfalls nicht mehr böswillig anzeigen können, nachdem die Beamten die Sache auf diese Weise abgetan hätten.»

Karin legt Daumen und Zeigefinger auf die Flanken ihrer Nase und schließt die Augen.

Frank sagt: «Karin.»

Sie zieht die Fingerklammer ab und schaut auf.

«Was wäre gewesen, wenn du mit deiner Tochter nicht sofort losgeknattert wärst, als sie völlig aufgelöst wegen dem doofen Linus aus der Sportplatzanlage kam?»

«Wir wären im Auto vor der Anlage sitzen geblieben und hätten vor Ort miteinander Heuldeutsch gesprochen.»

«Kein Blitzer. Keine Punkte. Was wäre noch passiert?»

«Weiß nicht, was du meinst.»

«Sei mal phantasievoll. Wie bei deinen Rezepten. Was wäre passiert? Linus hätte irgendwann rauskommen können, oder? Allein. Ohne seine Kumpels, vor denen er sich knallhart geben und so tun muss, als wäre Lara ihm gleichgültig. Ihr sitzt da also im Auto und redet, Lara und du, es dämmert schon, da kommt Linus alleine vom Gelände. Frisch geduscht, die Sporttasche über der Schulter. Jetzt ist er ganz er selbst, muss für niemanden eine Rolle spielen. Lara steigt aus und stellt ihn zur Rede, doch noch bevor sie mit ihm schimpfen kann, guckt er so, wie du bei den Autobahnpolizisten mit dem leeren Tank geguckt hast. Jungs in dem Alter können das auch. Lara wäre weich geworden, sie hätten sich geküsst und vertragen. Ein paar Wochen später, bei der Sache mit dem Fußballturnier auf der PlayStation, da hätte Lara ihn schon gut genug gekannt, um die ungeschickte Geste richtig einzuschätzen.»

«Dein Wort in Gottes Gehörgang», sagt Karin, aber Frank merkt, dass sie spürt, wie viel dadran ist.

«Stichwort ‹Gott›», sagt Frank.

Ralph hebt sofort den Kopf: «Ja?!»

«Was wäre passiert, hättest du gegen Gott rebelliert und die Oktabins nicht gefahren? Oder wenn du in der Halle gefordert hättest, der
Struck sollte seine Leute alles ein zweites Mal umladen lassen?»

«Wenn du so was machst, bist du als Fahrer irgendwann nicht
mehr tragbar. Wir sind doch keine Schauspieler oder Fußballer, die
sich benehmen können, wie sie wollen, weil der Regisseur oder Trai-
ner sie unbedingt braucht. Wir sind ersetzbar.»

«Ist das so?»

«Ja.»

«Wie lange bist du jetzt in dem Betrieb?»

«25 Jahre.»

«Wie viele Fehlstunden hast du gehabt oder krankgefeiert, ohne
dass du krank warst?»

«Gar nicht.»

«Wie viel Schäden hast du an Fahrzeugen verursacht, weil du in
den schmalen Einbahnstraßen im Ruhrgebiet oder auf dem engen
Hof in Hessen nicht rangieren konntest?»

«Keinen einzigen Kratzer. Ich dreh dir einen 18-Meter-Lastzug da
hinten neben dem Jesus.»

«Wieso?»

«Erfahrung. Können.»

«Weiß das dein Chef? Also Gott?»

«Ja.»

«Aber du meinst, er wirft dich raus, wenn du gewissenhaft arbeitest? Und ihm keine Punkte und Bußgelder ins Haus schleppst?»

Ralph greift nach einer Wasserflasche und dem Öffner, entfernt
zischend den Kronkorken, nimmt einen Schluck in den Mund, spült
ihn damit durch und sieht Frank während des Spülvorgangs mit ausgestülpten Wangen nachdenklich an.

Der Fahrlehrer wendet sich grinsend Rainer zu, wie ein tapsiger
Tanzbär: «Rainer!»

«Ja, Chef?»

Es ist zwar zwecklos, denkt Frank, aber meine Schlussrunde muss alle miteinbeziehen. Und außerdem ist das, was ich für Rainer vorbereitet habe, sowieso dran. Ein beeindruckender Schlusspunkt, den Frank in jedem Kurs setzt. Zu Rainer passt er am besten.

«Was wäre, würdest du in deiner Heimat langsam Auto und nüchtern Fahrrad fahren, also ohne den Bonus der Ortskenntnis? So, als wärst du in einem fremden Land?»

«Bin ich aber nicht.»

Frank setzt sich an den Laptop und erweckt den Beamer aus dem Stand-by. Die Wand wird wieder hell, dann erscheint das Bild einer Straße in einem kleinen ländlichen Ort. Auf den ersten Blick wirkt es harmlos, nahezu beruhigend. Vorgärten, Carports, Hecken, Mülltonnen. Auf den zweiten Blick hat es diese Montage, für die Frank bei einer genialen Grafikerin viel Geld ausgegeben hat, faustdick hinter den Ohren.

Rainer fragt: «Ist das bei uns?»

Frank schmunzelt. Die Frage kommt von jedem Teilnehmer, der auf dem Land lebt, ganz egal, in welchem Ort genau. Die Straße ist so archetypisch für die westfälische Provinz, dass alle im ersten Moment darin ihre Heimat erblicken.

«Sieht es bei euch so aus?», fragt Frank.

«Das könnte ganz locker unser Randbezirk sein.»

«Was siehst du auf dem Bild?», fragt Frank.

«Nichts. Freie Bahn», sagt Rainer.

«So, so.»

«Ja. Das ist ein typisches Beispiel dafür, wo Tempo 30 affig ist.»

Frank freut sich. Wie einfach dieser Trick jedes Mal aufgeht.

«Du siehst wirklich nichts? Gar nichts? So wie daheim, wenn es mit Ortskenntnis vorangeht?»

Rainer kneift die Augen zusammen. Runzelt die Stirn. Steht auf und stellt sich dichter an das Bild auf der Wand. Bevor er etwas erkennt, entfährt Karin ein «Ah!»; schnell hält sie sich die Hand vor den Mund wie jemand, der nichts verraten darf.

Rainer dreht sich um.

Thomas sagt: «Ich hab auch was!»

Jutta und Ralph schauen sich fragend an.

Rainer tritt wieder an die Wand heran.

Frank sagt: «Weißt du, was ich nicht verstehe? Du bist doch Jäger. Das heißt, du siehst Tiere im Gebüsch. Im Unterholz. Erkennst Silhouetten auf ein Rascheln hin.»

Der Appell an Ehre und Ehrgeiz wirkt. Rainer zuckt fast vor Schreck zusammen, als er das erste Detail entdeckt. Ein Ball, der zwischen zwei Mülltonnen am Straßenrand auftaucht. Er ist nur zur Hälfte zu erkennen, doch wäre es ein bewegtes Bild, befände er sich schon eine halbe Sekunde später mitten auf der Straße. Es dauert nicht lange, bis Rainer die weiteren Objekte findet. Die Katze, die ihren Kopf aus einer Hecke streckt. Die Tür eines geparkten Wagens, die sich gerade einen Spaltbreit öffnet. Den Segelflieger, der am obersten Bildrand seine weiße, abgerundete Schnauze in den Ausschnitt streckt. Letzterer ist für alle, die ihn das erste Mal entdecken, ganz besonders schockierend. Dabei ist das Motiv nicht einmal so weit hergeholt, wie es scheint. Vollkommen abhängig vom Wind und nur vom Wind allein, müssen Segelflieger bei unerwartet schlechten Luftverhältnissen notlanden, und zwar möglichst weit draußen in der Provinz. In 99 Prozent der Fälle schaffen sie es bis zum nächsten großflächigen Acker, doch ein Szenario wie auf der Fotomontage ist nicht undenkbar.

Rainer ist beeindruckt, was daran zu merken ist, wie angestrengt er versucht, nicht beeindruckt zu wirken.

«Ortskenntnis ist eine Illusion», sagt Frank. «Mag ja sein, dass Straßen, Häuser und Büsche sich nicht verändern, aber was sich sekündlich verändert, ist das wuselnde, unberechenbare Leben.»

Rainer setzt sich wieder. Presst die Lippen zusammen. Schüttelt den Kopf.

Frank sagt: «Ein Auge für Bälle und Katzen und Kinder und eventuell sogar für notlandende Luftakrobaten kann man sich antrainieren. Indem man es zulässt. Indem man immer etwas langsamer vorgeht und es genießt, in seinem Leben die Übersicht zu haben. Klar Schiff machen, egal, wie viel sonst zu tun ist. Ein paar feste Termine einführen. Beispielsweise, um die Reifen auszutauschen.»

Thomas wippt unter dem Tisch mit der Ferse auf und ab.

«Thomas ...», sagt Frank, doch der fängt ganz von selbst an zu imaginieren. Durch seine frei erfundenen Varianten von Geschäftsterminen hat er ja bereits Übung darin, sich auszumalen, wie etwas gewesen sein könnte ...

«Ich sitze im Wagen und rolle langsam durch die letzte Kleinstadt vor der Ankunft im Dorf des alten Tannwalds. Eben habe ich bei Frau Wielandt in der Bäckerei Kaffee geholt. Ich ignoriere das Radio, weil es mich sowieso nur verrückt macht, und höre ein bisschen Jazz von CD. Ja, im Dienstwagen bin ich ganz seriös. Das Handy klingelt: meine Mutter. Ich gehe nicht ran. Fahre weiter und lasse es läuten. Plötzlich verändert sich etwas. Mir wird bewusst: Jede Minute, die ich jetzt gerade verbringe, ohne mich am Telefon zu streiten, ist eine gewonnene. Die Wirklichkeit hat sich aufgespalten, und irgendwo in einem Paralleluniversum fährt der übliche Thomas mit dem Handy am Ohr, diskutiert mit seiner Mutter, bis er den Kaffee verschüttet und die Polizei ihn mit dem Gerät herumfuchteln sieht. Irgendwo blamiert er sich gerade und ruiniert sich Nerven und Hose. Hier aber, in dieser neuen Welt, rollt der andere Thomas kaffeefleckenfrei und gelassen seinem Termin entgegen und hat dabei sogar eine Idee, wie er die alten Ringbuch-Leder-Kalender doch noch verkaufen könnte.»

Thomas macht eine kurze Pause und blickt sinnierend ins Blattwerk der Yucca-Palme.

«Andere Szene. Ich bin mit dem Honda unterwegs. Der Wagen ist gewaschen und aufgeräumt. Kein Chaos mehr. Ich höre darin immer noch Gangster-Rap, aber nur noch amerikanischen. Stelle mir vor, ich cruise durch Los Angeles, die Palmen über mir und die Hügel des Laurel Canyon am Horizont. Der rote Lack glänzt, und auf den Sitzen ist alles frei. Echte Männlichkeit statt fahrender Messie-Haushalt.»

Ralph sagt, mehr zu sich selbst als zu den anderen: «Nach dem Kurs hier fahr ich mit meiner Beate ans Meer. Da kann der Disponenten-Gott machen, was er will. Schließlich steht schon in der Bibel: Denn du sollst abfeiern deine Überstunden und am Sonntag ruhen. Kristofferson 42, Vers 3.»

«Ha!», macht Rainer, und Jutta lacht. Thomas öffnet eine Cola und prostet Karin zu.

Frank sagt: «Erinnert ihr euch an das, was ich am ersten Tag gesagt habe? Der wichtige Satz, den ihr einfach mal so hinnehmen solltet?»

Karin blättert in ihrer Mappe und zitiert: «Es gibt zwei Zeiten, in denen man nichts ausrichten kann: Gestern und Morgen. Wer die Gegenwart nur als Steigbügel nutzt, um die Zukunft zu erreichen, wird unvermeidlich unglücklich.»

«Seht ihr?», sagt Frank. «Deswegen habt ihr alle auf meine Frage hin, wie es gewesen wäre, wenn ihr den Regeln gefolgt wärt, Visionen gehabt: Visionen von Gegenwärtigkeit. Ralph etwa will endlich wieder ans Meer und den Urlaub machen, der ihm zusteht. Bisher wart ihr hinter dem Steuer alle gereizt und unglücklich. Ist ja auch klar. Wenn unser Problem als Menschen sowieso schon darin besteht, dass wir immer glauben, das Jetzt wäre nur der Übergang von A nach B, dann glauben wir das im Straßenverkehr natürlich erst recht. So eine Autofahrt dient ja nur dazu, von A nach B zu kommen. Trotzdem hebt auch sie das Gesetz nicht auf, dass wir nur *zwischen* A und B fahren.»

Alle schweigen. Nicht auf die trotzige, patzige Art, in der Menschen schweigen, wenn sie sich einfach nur missverstanden fühlen, sondern so, wie sie es tun, wenn eine neue Perspektive in ihren Geist und ihre Seele einzusickern beginnt wie der erste Regen nach einer langen Dürre.

Frank sieht sie an, jeden Einzelnen von ihnen. Ralph, dessen linkes Augenlid ruhig daliegt wie ein Kater beim Mittagsschlaf. Jutta, deren Augen nachdenklich nach links oben gewandt sind, als ob sie eine Idee hätte, wie sie Cedric helfen kann. Thomas und Karin, die wahrscheinlich gar nicht merken, wie heftig sie miteinander flirten. Sogar Rainer, der den Blick nicht vom Luftbild einer Heimat wenden kann, die seine sein könnte.

Frank ist glücklich. Elementar zufrieden. Es hat geklappt. Eine Punktlandung. Er hat sich den richtigen Beruf ausgesucht.

Er setzt sich wieder, atmet tief aus und greift nach dem letzten köstlichen Keks.

Drei Monate später ...

Zen oder die Kunst,
einfach nur Auto zu fahren

Thomas sitzt am Fenster und schaut hinunter auf die Autobahn. Sie haben das langgestreckte Gebäude wie eine Überführung über die Piste gebaut. Fährt man in Richtung Norden darauf zu, sieht man besonders am Abend, wenn es von innen erleuchtet ist, die Menschen hinter den Fenstern sitzen, während man unter ihnen hindurchrauscht. Es gibt nur wenige dieser Brückenrestaurants auf der Welt, die jeweils beide Ufer der Autobahn miteinander verbinden, mit Essenstheken, Kaffeebars, Zeitschriftenauslagen und Drehständern, auf denen man Tassen, Schlüsselbänder oder Glücksschilder mit den gängigsten Vornamen kaufen kann. Die Raststätte Dammer Berge ist eine der bekanntesten ihrer Art. Wer Richtung Bayreuth oder Bindlach unterwegs ist, kennt noch das Brückenhaus Frankenwald über der A9. Kurz vor Basel fällt einem – quietschgelb und mit runden, ausgestülpten Fenstern versehen – die Autobahnbrücke Pratteln ins Auge, die zeigt, wie sich die Architekten der frühen Siebziger eine Zukunft vorgestellt haben, die außerhalb dieser Fenster nie eingetroffen ist.

Thomas denkt an die vierte und letzte Sitzung, die sie damals im April in der Fahrschule abgehalten haben. Sie fühlte sich an wie früher der Unterricht in der letzten Woche vor den Schulferien. Eigentlich war alles schon gesagt, alles gelernt, aber man kommt trotzdem noch ein letztes Mal gemütlich zusammen, bevor es in einen neuen Lebensabschnitt geht. Sie sollten sich die Frage stellen, was weitere Verkehrsverstöße für sie in der Zukunft bedeuten würden. Und wie sie es schaffen könnten, ihre guten Vorsätze einzuhalten. Ob Jutta es geschafft hat? Oder Rainer? Nach Ralph hält Thomas seither immer

Ausschau, wenn er irgendwo auf einem großen Rastplatz parkt. Und überholt er einen Lkw, kann er manchmal nicht anders, als sich vorzustellen, wie der Fahrer gerade in diesem Augenblick, einen Meter über Thomas' Autodachhöhe, seine schwarze Truckerduck rausholt und es erleichtert laufen lässt.

Neben Thomas' Tasse liegt ein Kunststoffdöschen für Kondensmilch. Die Adresse des Herstellers ist in mikroskopisch kleiner Schrift abgedruckt. Dennoch widersteht er der Versuchung, sein Smartphone einzuschalten und per Satellit nachzusehen, wo auf der Welt der Firmensitz liegt. Heute macht er zum dritten Mal das, was er selbst seine «Zen-Fahrt» nennt. Er achtet ausschließlich auf das Hier und Jetzt und auf die Außenwelt. Kein Gefummel mit dem Telefon. Keine absichtlichen Selbstgespräche im Wagen. Keine gedanklichen Reisen in eine Vergangenheit, die man nicht ändern kann, oder eine Zukunft, die noch nicht stattgefunden hat. Seinen Kaffee trinkt er hier oben aus einer Keramiktasse, statt ihn im Pappbecher in den Honda zu tragen, der unten auf dem ausladenden Parkplatz steht wie ein Pferd vor dem riesigsten Saloon des Landstrichs. Thomas freut sich sogar darauf, gleich weiterzureisen und während der Fahrt nichts anderes zu tun, als Auto zu fahren. Natürlich freut er sich auch auf sein Ziel, sehr sogar, herzhebend sehr. Dadurch, dass er sich der Ankunft nicht über die Gegenwart hinweg entgegenstreckt, sondern die Zukunft einfach auf sich zukommen lässt, während er in Bewegung bleibt, wird die Vorfreude sogar noch stärker.

In Bewegung *bleiben* kann man schließlich auch anders betonen. Dann bedeutet es: Räumlich vorwärtskommen, aber gleichzeitig in der Gegenwart verweilen.

«Entschuldigen Sie? Dürfte ich Ihnen womöglich eine Frage stellen?»

Thomas wendet den Kopf vom Panorama-Blick auf die Autobahn zur gegenüberliegenden Tischkante. Ein großer, graziler Mann Mitte

30 mit keckem Spitzbart, dezenten Koteletten und ebenso klugen wie neugierigen Augen hat sich auf seinem Stuhl herumgedreht. An seinem Tisch füttert seine Frau ein unsagbar süßes Kind im von der Raststätte bereitgestellten Hochstuhl. Die kleinen Füße baumeln in dicken, grünen Söckchen herunter.

«Gerne», sagt Thomas.

«Ich muss Sie das einfach fragen», sagt der Spitzbart, räuspert sich und wirft ebenfalls einen kurzen Blick auf die Piste, als wäre ihm die Frage äußerst peinlich. Thomas nippt an seinem Kaffee. Den eigenen hat der junge Vater im Verbundstoffbecher gekauft. Mag sein, dass Thomas sich das einbildet, aber der Geschmack ist aus der Tasse besser. Der Mann fragt: «Wie kann es sein, dass Sie so zufrieden wirken?»

Thomas verschluckt sich. Ein wenig Kaffee schießt von innen in seine Nase. Er lacht.

«Ja, verzeihen Sie, aber das habe ich wirklich noch niemals so in irgendeinem Gesicht auf der Autobahn gesehen. Auch nicht im Zug, in der Straßenbahn oder im Flugzeug. Nicht mal auf Urlaubsflügen. Sie gucken, als würden Sie völlig in sich ruhen. Als wären Sie mit allem im Reinen.»

Thomas traut seinen Ohren kaum. Er weiß, er *ist* mit allem im Reinen, wenn er ganz bewusst eine Zen-Fahrt macht. Aber dass er einem Fremden deswegen auffällt wie ein buddhistischer Mönch im glühend orangefarbenen Gewand, beweist endgültig, dass er sich das nicht bloß einbildet. Egal, wie viele Provisionen er in seinem Leben schon durch Verkäufe kassiert hat – nie hat ihm jemand ein erfreulicheres Kompliment gemacht.

«Wollen Sie das wirklich wissen?»

«Unbedingt.»

«Es kann aber sein, dass Sie's kitschig finden», sagt Thomas.

«Das Risiko gehe ich ein», sagt der Papa, lehnt sich zurück und fährt seiner Tochter durchs Haar.

Also erzählt Thomas. Davon, wie es sich anfühlt, einfach nur zu fahren. Was es mit der menschlichen Seele macht und wie es funktioniert. 275 Kilometer lang kein Radio, keine Nachrichten über den nahenden Weltuntergang und die große Krise, vor denen aber immer noch ausreichend Zeit ist, für Netto, OBI oder Carglass zu werben. Keine Musik, nicht auf seiner Zen-Fahrt, denn wenn die Lieder fremd sind, lenken sie zu sehr ab, weil sie im Gehirn neue Synapsen bilden, und sind sie vertraut, lenken sie zu sehr ab, weil sie Erinnerungen hervorrufen und die Vergangenheit ins Boot holen. Nur Augen und Ohren fürs Fahren, für die anderen Autos und Laster. Für die Spurführung, der man das erste Mal im Leben wieder richtig folgt und sie nicht bloß als vage Empfehlung betrachtet. Für die Landschaft links und rechts der Straße, die zu beobachten in Ordnung ist, weil sie sich häufig logisch mit den Verkehrsschildern verbindet. Achtet man schließlich auch das erste Mal seit der Fahrschule wieder ganz bewusst auf die Beschilderung und denkt wirklich an nichts anderes, ergeben 90 Prozent der Hinweise Sinn. Wer eine Zen-Fahrt Marke Thomas macht, sieht beispielsweise ein Schild, das vor möglichem Wildwechsel auf den folgenden fünf Kilometern warnt, und empfindet plötzlich Freude.

«Freude?», fragt der Spitzbart. «Wegen eines Verkehrsschildes?»

«Ja», sagt Thomas, «weil das bedeutet: Es gibt Rehe hier, links und rechts der Autobahn, hier in diesen Wäldern. Rehe und Hirsche und, wie wir wissen, mittlerweile sogar wieder Wölfe. Ich weiß nicht, wie es Ihnen geht, aber mich beruhigt das. Dass es wilde Tiere gibt in diesem Land. Lebewesen, die sich nirgendwo registrieren oder ausweisen müssen und die keiner schon beim ersten Kennenlernen fragt: ‹Und, was machst du so?› Ja, was sollen sie schon machen? Sie leben. Ohne einen Begriff davon, unbedingt noch irgendwo hinzumüssen oder bis spätestens Sonntagnacht die Steuerpapiere fertig zu kriegen.»

Der Mann lacht. Seine Tochter quietscht zufrieden und zappelt mit den Beinchen.

Thomas sagt: «Das Wildwechsel-Schild bedeutet auch: Die Menschen kümmern sich um die Tiere. Sie haben das Schild aufgestellt, damit andere es bemerken und auf den folgenden fünf Kilometern langsamer fahren. Langsamer, aber vor allem: mit Blick auf den Straßenrand. Stellen Sie sich mal vor, jeder würde das tatsächlich machen. Nur für diese fünf Kilometer. Langsamer fahren und alles andere sein lassen. Telefon, Radio, Kaffee, den ganzen inneren Film. Nur für fünf Kilometer die Augen auf die Piste vor der Windschutzscheibe und den Straßenrand. Man würde ein Tier, das auf die Straße läuft, rechtzeitig sehen. Natürlich kommt nie eins. Vielleicht ein-, zweimal in einem ganzen Autofahrerleben. Aber jedes Mal, wenn man fünf Kilometer auf diese Weise verbringt, fühlt es sich an – passen Sie auf, ich hab Sie gewarnt, dass es kitschig klingt –, dann fühlt es sich an, als hätte man etwas wirklich Sinnvolles getan.»

Der Spitzbärtige sieht ihn an, den Kopf in seine Hände gebettet. Sein Blick sagt: Das ist so vernünftig, dass es auf faszinierende Weise wahnsinnig klingt.

«Und Sie achten 275 Kilometer lang auf jedes Schild?»

«Ja. Das macht die Zen-Übung ja gerade aus. So nenne ich das. Alle Gedanken, die mir auf der Fahrt kommen, lasse ich einfach ziehen. Verdränge sie nicht. Klammere mich nicht daran. Auf die Schilder zu achten und die Landschaft und die anderen Autos, hilft dabei.»

«Und erfüllt es Sie dann sogar mit Glück, wenn ein Baustellenschild kommt? Oder ein Stau?»

«Ja», sagt Thomas, weil es tatsächlich stimmt. «Am Stau kann ich nichts ändern. Ebenso gut könnte ich mich über die Schwerkraft aufregen. Und bei der Baustelle sage ich mir: Ist doch gut. Hier werden Arbeitsplätze gesichert. Vielleicht ist kürzlich erst einer von der Firma eingestellt worden, der kurz davor war, sein Leben hinzuschmeißen. Der schon im dritten Jahr keinen Job gefunden und nur noch Scheiße gebaut hat. Sich prügelte am Wochenende wegen eines Fußballspiels oder das wenige Geld, das ihm blieb, in Geldautomaten steckte. Nicht, weil er dumm wäre oder böse, sondern weil er keine Aufgabe hatte, die seinen Tagen eine Struktur gab. Manche brauchen das. Andere wieder nicht. Aber dieser Typ, der hier den frisch gegossenen Asphalt glatt streicht, der ist gerettet. Das freut mich.»

«Aber ... in der Stadt! Stresst Sie nicht wenigstens der Großstadtverkehr?»

«Durchaus. Gerade deswegen ist diese Achtsamkeitsübung da besonders hilfreich. Stellen Sie sich mal vor, Sie nehmen in Berlin oder Köln oder Frankfurt alles um sich herum bewusst wahr. Jede Ampel, jeden Zebrastreifen, jede Abbiegespur. Plötzlich verstehen Sie, wie die Strukturen gemeint sind. Plötzlich bremsen Sie ab, bevor Ihnen der Radfahrer fast in die Flanke fährt. Und weil Sie mehr als sonst auf die Straße gucken und nicht aufs Navigationsgerät, fangen Sie das erste Mal überhaupt an, die Stadt zu begreifen. Auf einmal fügen sich die Ecken, die Sie schon hundertmal gesehen haben, in Ihrem Kopf plausibel zusammen. Ständig denken Sie: Ach, *hier* bin ich jetzt, und wenn ich *da* einbiege, komme ich *dorthin*. Fahren Sie durch Nebengassen oder weiter außen gelegene Viertel, fallen Ihnen unwillkürlich Denkmäler ins Auge oder historische Gebäude oder Parks oder die obskursten Schrottplätze, Antikrestaurants oder Trödelhallen – je nachdem, was Sie im Leben interessiert. Sie halten an und stöbern 35 Minuten irgendwo herum, zwischen alten Videokassetten, Porzellanfiguren oder Erstauflagen der *Lustigen Taschenbücher*. Sie kaufen wirklich persönliche Weihnachtsgeschenke, obwohl erst Juli ist. Sie kommen ins Gespräch mit Leuten, die einfach flanieren, jeden Tag, weil sie in Rente sind und diese Zeit tatsächlich genießen, und hören Geschichten von einem Leben als deutscher Ingenieur im Irak in den sechziger Jahren, dem für sich und seine Familie eine eigene Villa am Ufer des Euphrat gestellt wurde. Der Ihnen über dieses Land Geschichten erzählen kann, bei denen Sie den Orient das erste Mal nicht als

Ansammlung von Ruinen wahrnehmen, in denen schreiende Fanatiker von morgens bis abends aufeinander schießen, sondern als faszinierende Wiege der Zivilisation. Und das alles nur, weil Sie bewusst Auto fahren. Oder eben anhalten, wenn Ihnen danach ist.»

Der Spitzbärtige löst sein Gesicht aus seinen Händen, legt eine flach auf den Tisch und hebt mit der anderen seinen Becher an die Lippen. Bevor er trinkt, fragt er: «So viel Gegenwärtigkeit muss man sich aber auch erlauben können. Sind Sie Erbe?»

Thomas lacht: «Beinahe wäre ich es geworden. Hätte ich doch nur auf diese Mail geantwortet, dann hätte ich für nur 5500 Euro Bearbeitungsgebühr das 22-Millionen-Erbe eines mir unbekannten Vorfahren aus Nigeria antreten können.»

Der Spitzbart lacht. Seine Tochter beschließt, satt zu sein, und dreht mit zusammengepressten Augen das Köpfchen vom Löffel weg.

Thomas sagt: «Fünf Minuten.»

«Wie, fünf Minuten?»

«Das ist der Trick, wenn die Stimme kommt, die einem sagt: Dieses Zen-Zeug können sich nur Erben leisten.»

Der Spitzbärtige nimmt den Deckel seines Bechers ab und trinkt direkt daraus, ohne den Kaffee durch die schmale Öffnung zu ziehen.

Thomas sagt: «Fünf Minuten haben Sie immer, um sich auszuklinken. Fünf Minuten darf jeder mal auf Pause drücken. Also: wirklich auf Pause. Was immer Sie dann machen oder brauchen – spazieren gehen, aufs Dach steigen, Sudoku-Rätsel lösen, wütende Vögel auf dem Smartphone aufeinander loslassen. Ganz egal. Stellen Sie sich einfach nur die Frage: Was könnte es rechtfertigen, dass ausgerechnet *ich* nicht mal diese fünf Minuten verdient haben soll? Sogar Hirnchirurgen haben diese fünf Minuten. Oder Notärzte. Soldaten haben sie, zwischen zwei Gefechten. Natürlich nicht genau in dem Moment, in dem die Operation läuft, aber auf jeden Fall danach. Im ganz normalen Leben aber kommen wir irgendwo an, springen aus dem Auto und stürzen in einen Rasthof, als ob die Welt unterginge, wenn wir erst mal ein paar Momente lang an der Luft auf- und abschlendern. Oder uns da drüben in der Zeitschriftenabteilung in den Heften verlieren, bis eine Verkäuferin sagt, dass wir das Magazin jetzt aber kaufen müssen. Wieso? Warum sollte für diese paar Minuten keine Zeit sein? Und wer zwingt uns dazu, während der Fahrt lauter Sachen zu hören, die wir nicht hören wollen? Oder so zu tun, als wäre die Fahrt selbst nichts wert? Als wären diese drei, vier Stunden unseres Lebens nur Müll, den wir von vornherein in die Tonne treten können? Nein, sind sie nicht. Sie sind genauso unser Dasein wie drei, vier Stunden Urlaubszeit oder drei, vier Stunden Arbeit. Es gibt nur den Moment. Alles andere ist eine Illusion.»

Der Mann setzt seinen Becher ab. Seine Pupillen zoomen aus. Zoomen ein. Finden keine Ruhe.

«Wer war Ihr Guru?», fragt er, nicht spöttisch, sondern mit der Neugierde eines Menschen, der weiß, dass es so, wie es ist, auch nicht weitergehen kann. «Bhagwan? Hubbard? Der Dalai-Lama?»

«Frank Weber von der Fahrschule *Franks Fahrfreuden*», sagt Thomas.

Die Frau steht auf, um die Tochter aus dem Hochstuhl zu hieven, doch die Kleine wehrt sich. Die Frau sagt: «Ich glaube, Lilith will noch ein bisschen bleiben.»

Der Spitzbärtige sagt: «Dann tun wir unserer Süßen doch den Gefallen. Ich denke, mindestens fünf Minuten haben wir noch.»

www.franksfahrfreuden.de/gaestebuch

Von: Ralph | 24. Juli 2015
Mail: truckerduck1959@web.de

Schöne Grüße aus den Dünen von meinem Schnäuzelchen
und mir! Feiere tatsächlich Überstunden ab. Stand der
Dinge: 74 von 5258 Stunden sind schon weg!

Alles Liebe
Euer Brummi-Ralph

Von: Jutta | 15. August 2015
Mail: jutta.reichel@heinrich-von-kleist-gesamtschule.de

Cedric macht sich prima. Wir sind wieder ein Team.
Den Rest des Hauses hat der Dondrup repariert. Endlich
ist der wieder da. Hat zwischenzeitlich auch seinen Lappen
abgeben müssen. Habe ihn mir mal zur Brust genommen
und ihm erzählt, was man da machen kann. Haltet die Ohren
steif!

Jutta

Von: Rainer | 17. August 2015
Mail: <u>rainerbrandt@gmx.de</u>

Ihr Streber!

Von: Karin und Thomas | 22. August 2015
Mail: <u>karinundthomas@yahoo.de</u>

Wir sind jetzt auch in den Ferien. Genfer See. Mit dem Auto.
Zwei Tage Hinreise, in aller Ruhe. Haben die ganze Fahrt
über Zen geübt. Also … tagsüber. *grins* Im Oktober ziehen
wir mit Lara in das neue Haus. Würden gerne alle aus dem
Aprilkurs zur Einweihung einladen. Linus kommt auch, also:
vielleicht. Frank, haben du und deine Frau Zeit?

Beste Grüße aus dem Süden
Eure Gourmets

PS: Es gibt Slowfood.

Schlaue Verbindungen

Aktueller Bußgeldkatalog
Schnelle Übersicht über Punkte und Bußgelder.
www.bussgeldkatalog.org

Verkehrsportal
Das Wichtigste zu Gesetzen und Verkehrsrecht.
www.verkehrsportal.de

AVB – Allgemeine Verkehrspsychologische Beratung
Beratung, Coaching, Vorbereitung auf die MPU.
www.verkehrspsychologen.de

Bußgeldkatalog und MPU
Allgemeine Plattform zu den Themen Bußgelder,
Verkehr und MPU.
www.bussgeldkatalog-mpu.de

Eric Berne
Alles zur Psychologie der Spiele von Erwachsenen.
www.ericberne.com

Motor Talk
Europas größte Auto- und Motorgemeinschaft im Netz.
www.motor-talk.de

TRÄUME WAGEN – Drivestyle-Magazin

Aus Freude am Fahrzeug!

www.traeume-wagen.de

Google Earth

Nur mal kurz gucken, wo es überall hingehen könnte ...

www.google.de/intl/de/earth/

... und als Spezialtipp von Karin:

Backen macht glücklich – lecker!

www.backenmachtgluecklich.de

Unsere Quellen – eine Auswahl

Barfuß, Michael / Horn, Albert: *Ladungssicherung. Praxis der Verkehrs- und Arbeitssicherheit*, 3., aktual. Aufl., Gräfelfing: Resch 2015.

Berne, Eric: *Spiele der Erwachsenen. Psychologie der menschlichen Beziehungen*, Reinbek / Hamburg: Rowohlt 1967.

Berne, Eric: *Was sagen Sie, nachdem Sie «Guten Tag» gesagt haben? Psychologie des menschlichen Verhaltens*, 15. Aufl., Frankfurt / Main: Fischer 2000.

Burmann, Michael, et al.: *Straßenverkehrsrecht – Kommentar. Mit StVO und StVG, den wichtigsten Vorschriften der StVZO und der FeV, dem Verkehrsstraf- und Ordnungswidrigkeitenrecht, dem Schadensersatzrecht des BGB und dem Versicherungsrecht, der Bußgeldkatalog-Verordnung und Verwaltungsvorschriften sowie einer systematischen Einführung*, 24., neu bearb. Aufl., München: Beck 2016.

Chaloupka, Christine: *Verkehrspsychologie. Grundlagen und Anwendungen*, Wien: Facultas 2011.

Eising, Raimund: *Alkohol? Punkte? Drogen? MPU? Verkehrspsychologisches Beratungsprogramm zur optimalen Vorbereitung auf die MPU*, 6., neu überarb. Aufl., Mohrkirch: MPU-Beratung Eising 2014.

Fernfahrer (Zeitschrift), Stuttgart: EuroTransportMedia.

Hanh, Thich Nhat: *Im Hier und Jetzt zuhause sein*, hrsg. u. übers. v. Ursula Henselmann, Berlin: Theseus 2006. (Besonders empfehlenswert als Hörbuch, gelesen von Hans-Peter Bögel.)

Harms, Dirk-Antonio: *MPU – (k)ein Problem: Das notwendige Wissen für eine schnelle und erfolgreiche MPU-Vorbereitung*, 2. Aufl., Bonn: Kirschbaum 2015.

Kampmann, Klaus / Staehelin, Thomas: *Entspannt Autofahren. Tipps, die auch in einer 24/7-Welt wirken*, Berlin: Flow Zone 2015.

Kraftfahrt-Bundesamt (Hrsg.): *Bundeseinheitlicher Tatbestandskatalog Straßenverkehrsordnungswidrigkeiten*, 10. Aufl., Massing: Verlag für Polizei- und Behörden-Aufgaben 2014.

Krumm, Carsten: *Der neue Bußgeldkatalog. StVO, Punkte, Entzug der Fahrerlaubnis*, 3. Aufl., München: Beck 2016.

Lamberger, Andrea: *Psychodrama-Technik in verkehrspsychologischen Nachschulungskursen: Das Rollenspiel*, Saarbrücken: Akademiker-verlag 2016.

Noske, Immanuel / Gruber, Ernst / Meixner, Horst: *100 und mehr Irrtümer rund um Sozialvorschriften, Kontrollgeräte und (Verkehrs)Kontrollen – als praktische Hilfe für Fahrer, Disponenten und Kontrolleure*, 2. Aufl., Düsseldorf: Verkehrsverlag Fischer 2016.

Püschel, Klaus (Hrsg.): *Fahrunsicherheit, Unfallvermeidung, Unfall-rekonstruktion, Rehabilitation, Fahreignung*, Bonn: Kirschbaum 2013.

Rainer, Konrad / Koller, Reinhard: *Ladungssicherung für Praktiker*, 3., aktual. Aufl., Wien: Kitzler 2016.

Reschke, Konrad (Hrsg.): *Mensch im Verkehr: Mobilität, Sicherheit, Lebensqualität. Tagungsband der Sommeruniversität Verkehrs-psychologie am 25.–26. September 2009 in Leipzig*, Bonn: Kirschbaum 2010.

Schmidt, Wilhelm: *Gewinnabschöpfung im Straf- und Bußgeldverfahren. Handbuch für die Praxis*, München: Beck 2006.

Spreng, Norman M. / Kimmeskamp, Dirk / Dietrich, Stefan: *Straßenverkehrsrecht: Verkehrsverstöße – Bußgeld – MPU – Prozess – Fahrverbot*, 2. Aufl., München: dtv 2010.

Ströer Bros.: *Das MusikHörBuch. Vom passiven zum aktiven Musik-genuss*, Mainz: Schott 2008.

Tischler, Martin A.: *Entwicklungsziel Fahrspaß. Gestaltungsempfehlungen für die Auslegung von Kraftfahrzeugen zur Optimierung des subjek-tiven Erlebens der Fahrzeugführung*, Berlin: Humboldt-Universität 2013 (Dissertation).

Vollrath, Mark / Krems, Josef F.: *Verkehrspsychologie. Ein Lehrbuch für Psychologen, Ingenieure und Informatiker*, Stuttgart: Kohlhammer 2011.

Ein herzliches Dankeschön an ...

Unseren Lektor Stephan Ditschke für geduldiges Arbeiten mit Punkt und Komma sowie angemessene Strenge.

Unsere Verlagsfrau Julia Vorrath für den Glauben an dieses Projekt.

Unsere Nachbarn Vera und Gerd Howanietz für ausführliche Berichte aus dem Alltag der Verkehrspolizei sowie die Bereitstellung historischer und aktueller Bußgeldkataloge.

Unseren Freund und Kollegen Christoph Schwartländer für die Versorgung mit Speis und Trank während der Endproduktion des Buches in Tagen der Grippe und Bettlägerigkeit.

Und *last, but not least*: ein herzliches Dankeschön an Frank Kästner von der *Fahrschule Kästner* in Havixbeck (www.kaestner-die-fahr schule.de) – dafür, Olivers heilsamer Guru gewesen zu sein, auch wenn sein Aufbauseminar für punkteauffällige Kraftfahrer natürlich nicht ganz so ablief, wie hier arrangiert.